重金属废水生物处理新技术

李会东 著

Novel Technologies for Biological Treatment
of Heavy Metals Wastewater

化学工业出版社

·北京·

内容简介

本书共分 12 章，介绍了水体中重金属污染的来源、危害以及国内外重金属废水处理技术现状。结合著者多年来对重金属废水的实验研究成果，对生物基吸附剂制备、吸附水体重金属的机理、磁性固液分离体系建立的技术要点、研究现状等进行了系统整理。

本书既有详细具体的实验研究成果，又有深入的理论分析，可供从事重金属废水处理的技术人员、科研人员和管理人员阅读参考，也可供高等学校市政工程以及环境工程专业师生学习使用。

图书在版编目 (CIP) 数据

重金属废水生物处理新技术/李会东著. —北京：化学工业

出版社，2021.10（2022.10 重印）

ISBN 978-7-122-39566-5

Ⅰ.①重… Ⅱ.①李… Ⅲ.①重金属废水-废水处理-生

物处理-新技术应用 Ⅳ.①X703

中国版本图书馆 CIP 数据核字 (2021) 第 143126 号

责任编辑：董　琳　　　　　　　　　　装帧设计：张　辉
责任校对：张雨彤

出版发行：化学工业出版社（北京市东城区青年湖南街 13 号　邮政编码 100011）
印　　装：北京盛通数码印刷有限公司
787mm×1092mm　1/16　印张 11¼　字数 212 千字　2022 年 10 月北京第 1 版第 2 次印刷

购书咨询：010-64518888　　　　　　售后服务：010-64518899
网　　址：http://www.cip.com.cn
凡购买本书，如有缺损质量问题，本社销售中心负责调换。

定　　价：85.00 元

前言

随着我国现代工业的快速发展，尤其金属矿的开采、冶炼、加工及制造活动的开展，致使大量多种重金属进入水体，引起了严重的水环境污染，造成生态系统严重受损，甚至威胁到人类生存与健康。为了树立和践行绿水青山就是金山银山的理念，环境保护部和国务院相继正式发布了《重金属污染综合防治"十二五"规划》以及《水污染防治行动计划》（简称"水十条"），这些举措说明水污染治理是目前我国亟待解决的生态环境问题，体现了政府对水污染治理的重视程度。

目前，生物处理重金属工业废水是国内外水处理研究领域的热点课题之一。本书主要以微生物及农林业副产品等为生物基材料，制备高效复合生物吸附剂用来吸附处理工业废水中重金属，具有重要的理论支撑与实践指导意义。生物基吸附剂具有环境友好、廉价易得、制备简单、运行稳定，处理高效等特点。本书着重对生物基吸附剂材料制备、改性、磁性固液快速分离技术等进行系统的实验研究，利用 TEM、SEM、FTIR、XRD、XPS、RS 等表征分析手段探究了几种典型重金属的吸附机理、吸附动力学和吸附热力学。

本书共分 12 章，介绍了水体中重金属污染的来源、危害以及国内外重金属废水处理技术现状。结合著者多年来对重金属废水的实验研究成果，对生物基吸附剂制备、吸附水体重金属的机理、磁性固液分离体系建立的技术要点、研究现状等进行了系统整理。本书既有详细具体的实验研究，又有深入的理论分析，可供从事重金属废水处理的技术人员、科研人员和管理人员阅读参考，也可供高等学校市政工程以及环境工程专业师生学习使用。

特别感谢内蒙古工业大学宋蕾教授、白润英副教授等诸位同事在本书撰写过程中的鼎力支持，同时感谢课题组陈晨、崔凤娇、江港、成恬嘉，王之夏及刘欣欣等多位硕士在资料收集和校稿等工作中的辛苦付出，感谢南昌航空大学肖潇博士和刘婷博士的无私帮助与支持。

限于著者水平，书中的疏漏和不妥之处在所难免，敬请各位读者批评与指正，著者不胜感激。

李会东

2021 年 4 月

目录

第1章 绪论 / 001

1.1 重金属污染概述 ……………………………………………………… 001

  1.1.1 重金属污染及其来源 …………………………………………… 002

  1.1.2 重金属污染的危害 ……………………………………………… 004

  1.1.3 重金属废水污染现状 …………………………………………… 007

1.2 废水生物处理技术概念 ……………………………………………… 009

  1.2.1 废水生物处理技术原理 ………………………………………… 009

  1.2.2 废水生物处理技术体系 ………………………………………… 011

1.3 我国和欧盟部分国家对多种重金属现行排放限值 ……………… 013

1.4 本章小结 ……………………………………………………………… 014

参考文献 …………………………………………………………………… 014

第2章 重金属废水处理基础 / 016

2.1 重金属废水处理传统技术 …………………………………………… 016

  2.1.1 化学法 …………………………………………………………… 016

  2.1.2 物理化学法 ……………………………………………………… 018

2.2 重金属废水处理生物吸附法 ………………………………………… 019

  2.2.1 生物吸附剂的来源和类型 ……………………………………… 020

  2.2.2 生物吸附机理 …………………………………………………… 021

  2.2.3 生物吸附过程 …………………………………………………… 022

2.3 重金属生物吸附研究进展 …………………………………………… 022

  2.3.1 国内研究进展 …………………………………………………… 022

  2.3.2 国外研究进展 …………………………………………………… 024

2.4　人工制备生物基吸附剂研究进展 ……………………………………… 026

　　2.4.1　生物炭吸附剂 ……………………………………………………… 026

　　2.4.2　藻类吸附剂 ………………………………………………………… 026

　　2.4.3　菌类吸附剂 ………………………………………………………… 027

　　2.4.4　农林废弃物吸附剂 ………………………………………………… 027

　　2.4.5　复合生物吸附剂 …………………………………………………… 028

2.5　生物基吸附剂处理重金属废水前景展望 ……………………………… 028

2.6　磁性分离技术在废水处理中的应用 …………………………………… 029

　　2.6.1　共沉淀法 …………………………………………………………… 030

　　2.6.2　溶胶-凝胶法 ………………………………………………………… 030

　　2.6.3　共混包埋法 ………………………………………………………… 032

2.7　本章小结 ………………………………………………………………… 032

参考文献 ……………………………………………………………………… 032

第 3 章　生物基吸附剂表征及性能分析 / 034

3.1　表征分析方法 …………………………………………………………… 034

　　3.1.1　FTIR 分析 ………………………………………………………… 034

　　3.1.2　RS 分析 …………………………………………………………… 035

　　3.1.3　SEM 分析 ………………………………………………………… 036

　　3.1.4　TEM 分析 ………………………………………………………… 037

　　3.1.5　XRD 分析 ………………………………………………………… 037

　　3.1.6　XPS 分析 ………………………………………………………… 038

3.2　吸附等温线模型 ………………………………………………………… 039

　　3.2.1　Langmuir 模型 …………………………………………………… 039

　　3.2.2　Freundlich 模型 …………………………………………………… 040

　　3.2.3　Temkin 模型 ……………………………………………………… 040

　　3.2.4　Sips 模型 ………………………………………………………… 041

3.3　吸附动力学分析 ………………………………………………………… 041

　　3.3.1　准一阶动力学 ……………………………………………………… 041

　　3.3.2　准二阶动力学 ……………………………………………………… 041

3.4　吸附容量与去除率计算 ………………………………………………… 042

3.5　本章小结 ………………………………………………………………… 042

参考文献 ……………………………………………………………………… 042

第4章　生物填充技术在处理含铬废水中的应用 / 044

4.1　实验材料 …………………………………………………………………… 045

　　4.1.1　材料 ………………………………………………………………… 045

　　4.1.2　固定化载体 ………………………………………………………… 045

4.2　实验方法 …………………………………………………………………… 045

　　4.2.1　吸附剂吸附性能实验 ……………………………………………… 045

　　4.2.2　吸附剂预处理实验 ………………………………………………… 046

　　4.2.3　等温吸附实验 ……………………………………………………… 046

　　4.2.4　菌体固定方法 ……………………………………………………… 046

　　4.2.5　填充柱吸附实验 …………………………………………………… 047

　　4.2.6　吸附剂解吸附实验 ………………………………………………… 047

4.3　结果与讨论 ………………………………………………………………… 048

　　4.3.1　吸附剂吸附性能评定 ……………………………………………… 048

　　4.3.2　预处理对六价铬去除的影响 ……………………………………… 049

　　4.3.3　等温吸附实验结果 ………………………………………………… 050

　　4.3.4　Thomas 模型的应用 ……………………………………………… 052

　　4.3.5　填充柱吸附六价铬的穿透曲线 …………………………………… 054

　　4.3.6　吸附剂的再生和重复利用 ………………………………………… 054

4.4　本章小结 …………………………………………………………………… 056

参考文献 …………………………………………………………………………… 057

第5章　磁性分离技术在生物吸附处理含铬废水中的应用 / 058

5.1　实验材料 …………………………………………………………………… 059

　　5.1.1　材料 ………………………………………………………………… 059

　　5.1.2　包埋剂 ……………………………………………………………… 059

5.2　实验方法 …………………………………………………………………… 059

　　5.2.1　磁性 Fe_3O_4 粒子合成 …………………………………………… 059

　　5.2.2　Fe_3O_4 粒子磁性测定 …………………………………………… 059

　　5.2.3　生物功能磁珠制备 ………………………………………………… 059

　　5.2.4　生物功能磁珠性能测定 …………………………………………… 060

　　5.2.5　溶液配制 …………………………………………………………… 060

　　5.2.6　铬的吸附实验 ……………………………………………………… 061

　　5.2.7　共存离子对生物功能磁珠吸附六价铬的影响 …………………… 061

　　5.2.8　铬的分析方法 ……………………………………………………… 062

5.2.9 其他实验方法 ·· 062

5.3 结果与讨论 ··· 062

5.3.1 Fe_3O_4 颗粒磁性测定 ···························· 062

5.3.2 生物功能磁珠的性能 ···························· 063

5.3.3 吸附工艺流程 ······································ 063

5.3.4 pH 值对生物功能磁珠吸附六价铬的影响 ····· 063

5.3.5 温度对生物功能磁珠吸附六价铬的影响 ······· 064

5.3.6 共存离子对生物功能磁珠吸附六价铬的影响 ··· 064

5.3.7 生物功能磁珠对六价铬的吸附能力 ············· 066

5.3.8 铬生物吸附的特性 ······························· 067

5.3.9 Langmuir 吸附等温线 ··························· 068

5.3.10 吸附动力学 ······································· 068

5.3.11 生物功能磁珠吸附六价铬后的解吸附和重复利用 ··· 069

5.3.12 傅里叶变换红外光谱分析 ······················ 070

5.3.13 拉曼光谱分析 ···································· 070

5.3.14 扫描电子显微镜分析 ··························· 073

5.4 本章小结 ··· 074

参考文献 ··· 074

第6章 发酵工业副产品在处理含铬废水中的应用 / 076

6.1 实验材料 ··· 077

6.1.1 材料 ··· 077

6.1.2 包埋剂 ··· 077

6.2 实验方法 ··· 077

6.2.1 废弃菌体处理 ······································ 077

6.2.2 磁性 Fe_3O_4 粒子合成以及磁性测定 ·········· 077

6.2.3 生物功能磁珠制备 ································· 077

6.2.4 生物功能磁珠性能测定 ··························· 078

6.2.5 其他实验方法 ······································ 078

6.3 结果与讨论 ··· 078

6.3.1 生物功能磁珠的性能 ······························ 078

6.3.2 pH 值对生物功能磁珠吸附六价铬的影响 ······· 078

6.3.3 温度对生物功能磁珠吸附六价铬的影响 ········· 080

6.3.4 三种发酵工业废弃菌体磁珠的吸附能力 ········· 081

6.3.5　铬生物吸附的特性 ……………………………………………… 082

6.3.6　Langmuir 吸附等温线 …………………………………………… 083

6.3.7　吸附动力学 ………………………………………………………… 084

6.3.8　三种发酵工业废弃菌体磁珠解吸附和重复利用 ……………… 084

6.4　本章小结 ……………………………………………………………… 085

参考文献 ……………………………………………………………………… 086

第7章　微生物吸附法在处理含铅废水中的应用 / 087

7.1　实验材料 ……………………………………………………………… 088

7.1.1　主要试剂 …………………………………………………………… 088

7.1.2　样品来源 …………………………………………………………… 088

7.1.3　培养基 ……………………………………………………………… 089

7.2　实验方法 ……………………………………………………………… 089

7.2.1　菌种分离与筛选 …………………………………………………… 089

7.2.2　耐铅菌种鉴定 ……………………………………………………… 089

7.2.3　生长曲线测定 ……………………………………………………… 090

7.2.4　铅溶液配制 ………………………………………………………… 090

7.2.5　pH 值测定 ………………………………………………………… 091

7.2.6　耐铅菌株分离、筛选与纯化 ……………………………………… 091

7.2.7　生长曲线 …………………………………………………………… 091

7.2.8　生物吸附剂制备 …………………………………………………… 091

7.2.9　吸附条件研究 ……………………………………………………… 092

7.2.10　吸附动力学研究 …………………………………………………… 093

7.3　结果与讨论 …………………………………………………………… 093

7.3.1　耐铅菌的菌落形态特征 …………………………………………… 093

7.3.2　菌株 H1 扫描电镜结果 …………………………………………… 094

7.3.3　菌株 H1 16S rDNA 序列分析结果 ……………………………… 095

7.3.4　菌株 H1 投加量对含铅废水处理效果的影响 …………………… 096

7.3.5　pH 值对含铅废水处理效果的影响 ……………………………… 097

7.3.6　初始浓度对含铅废水处理效果的影响 …………………………… 098

7.3.7　温度对含铅废水处理效果的影响 ………………………………… 098

7.3.8　吸附动力学实验 …………………………………………………… 099

7.3.9　吸附机理分析 ……………………………………………………… 100

7.4 本章小结 ……………………………………………………… 102

参考文献 ………………………………………………………… 103

第8章 ARSIB 生物吸附剂在处理含铅废水中的应用 / 105

8.1 实验材料 ……………………………………………………… 106

8.1.1 材料 …………………………………………………… 106

8.1.2 试剂 …………………………………………………… 106

8.2 试验方法 ……………………………………………………… 107

8.2.1 菌悬液制备 …………………………………………… 107

8.2.2 ARSIB 制备 …………………………………………… 107

8.2.3 各因素对 ARSIB 相关性能及去除率的测试 ………… 108

8.2.4 ARSIB 制备 …………………………………………… 109

8.2.5 ARSIB 对铅离子吸附性能研究 ……………………… 109

8.2.6 解吸与再生利用 ……………………………………… 109

8.3 结果与讨论 …………………………………………………… 110

8.3.1 各因素对 ARSIB 固定化的影响 ……………………… 110

8.3.2 ARSIB 制备最优配比 ………………………………… 111

8.3.3 ARSIB 对含铅废水处理效果的影响 ………………… 113

8.3.4 解吸与再生利用分析 ………………………………… 117

8.3.5 ARSIB 重复利用性 …………………………………… 119

8.3.6 实际工业废水吸附处理 ……………………………… 120

8.3.7 吸附机理分析 ………………………………………… 120

8.4 本章小结 ……………………………………………………… 123

参考文献 ………………………………………………………… 124

第9章 超声技术在生物吸附处理含铅废水中的应用 / 126

9.1 实验材料 ……………………………………………………… 126

9.1.1 材料 …………………………………………………… 126

9.1.2 包埋剂 ………………………………………………… 127

9.2 实验方法 ……………………………………………………… 127

9.2.1 生物吸附剂制备方法 ………………………………… 127

9.2.2 实验方法 ……………………………………………… 127

9.3 结果与讨论 …………………………………………………… 128

9.3.1　生物吸附剂对水溶液中铅的吸附条件优化 ················· 128

9.3.2　生物吸附铅的机理研究 ·································· 132

9.3.3　扫描电镜分析 ··· 133

9.3.4　傅里叶变换红外光谱分析 ······························ 134

9.3.5　实际废水重金属离子去除研究 ·························· 134

9.4　本章小结 ·· 135

参考文献 ·· 135

第10章　改性介孔分子筛吸附剂在处理含铅废水中的应用 / 136

10.1　实验材料 ··· 136

10.1.1　材料 ··· 136

10.1.2　改性剂 ··· 137

10.2　实验方法 ··· 137

10.2.1　改性介孔分子筛吸附剂制备方法 ······················ 137

10.2.2　批量实验方法 ·· 137

10.3　结果与讨论 ··· 138

10.3.1　改性介孔分子筛对水溶液中铅的吸附条件优化 ··········· 138

10.3.2　改性介孔分子筛吸附 Pb^{2+} 机理研究 ·················· 142

10.3.3　扫描电镜分析 ·· 143

10.3.4　傅里叶变换红外光谱分析 ····························· 143

10.4　本章小结 ··· 144

参考文献 ·· 144

第11章　改性壳聚糖基生物吸附剂在处理含铜废水中的应用 / 146

11.1　实验材料 ··· 146

11.1.1　材料 ··· 146

11.1.2　交联剂 ··· 147

11.2　实验方法 ··· 147

11.2.1　ECH 改性壳聚糖/纤维素制备 ························· 147

11.2.2　吸附实验 ··· 147

11.2.3　交联度的测定 ······································· 147

11.3　结果与讨论 ··· 148

11.3.1　改性条件对吸附效果的影响及最优配比的确定 ··········· 148

11.3.2　改性材料表征分析 ……………………………………………… 151

11.3.3　吸附影响因素研究 ……………………………………………… 153

11.3.4　吸附机理研究 …………………………………………………… 155

11.4　本章小结 ………………………………………………………… 159

参考文献 ………………………………………………………………… 160

第12章　生物基吸附剂在处理含镉废水中的应用 / 161

12.1　水体中镉污染的来源、 现状及危害 ……………………………… 161

12.2　水体中重金属镉的修复技术 ……………………………………… 162

12.2.1　重金属镉的物理修复技术 ……………………………………… 162

12.2.2　重金属镉的化学修复技术 ……………………………………… 162

12.2.3　重金属镉的生物修复技术 ……………………………………… 164

12.3　生物基吸附材料在重金属镉废水处理中的应用 ………………… 165

12.4　植物材料 …………………………………………………………… 167

12.5　本章小结 ………………………………………………………… 167

参考文献 ………………………………………………………………… 167

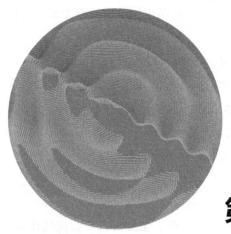

第1章

绪论

1.1 重金属污染概述

重金属是根据密度、原子序数或化学性质 3 个不同标准来定义的，一般被认为是密度超过 $5g/cm^3$ 的物质。这些重金属的密度超过水的 5 倍，是高水溶性的有毒物质和致癌物。铬（Cr）、砷（As）、汞（Hg）、镉（Cd）、铅（Pb）和铜（Cu）等是我国水体中最主要的污染性重金属元素。与有机污染物不同，这些重金属元素是不可降解的并会产生生物毒性，在污染水环境的同时也会对水生生态系统和人类健康构成严重威胁。重金属在很低浓度时对大多数微生物就具有明显毒性，其毒性固然与浓度有关，但更取决于存在状态。

水体中的重金属不能被生物降解，而只能进行各种形态之间的相互转化、分散和富集。水体中金属离子的迁移根据运动形式不同，可分为机械迁移转化、物理化学迁移转化和生物迁移转化 3 种类型。

（1）机械迁移转化

主要是水环境中重金属离子被有机胶体包埋，或附着在悬浮物上，最终以溶解态或颗粒态的形式被水流机械迁移。

（2）物理化学迁移转化

主要是重金属离子在水体中通过一系列物理化学作用实现迁移。

（3）生物迁移转化

食物链是生物迁移转化的重要方式，在转化过程中，能量传递经过的营养级越多，浓度放大的比例就越大，当高营养级最终进入人体时，危害也达最大值。同时，微生物具有适应重金属化合物而生长并代谢这些物质的活性。微生物代谢活动可改变环境中重金属的状态，从而改变它们的性质，包括生物效应。重金属毒物具有下述特点：

① 不能被生物降解，只能在各种形态间相互转化、分散；

② 其毒性以离子态存在时最为严重，重金属离子在水溶液中容易被带负电荷的胶体吸附，吸附重金属离子后的胶体可随水迁移，但大多数会迅速沉降。因此，重金属一般都富集在排污口下游一定范围的底泥中；

③ 能被生物富集于体内，既危害生物，又通过食物链危害人体。

1.1.1 重金属污染及其来源

重金属污染指由重金属或其化合物造成的环境污染。主要由采矿、废气排放、污水灌溉和使用重金属制品等人为因素所致。

重金属来源主要有人为污染源和天然污染源两种形式。前者通过矿山开采、金属冶炼、金属加工、颜料生产、家电、汽车外壳电泳磷化、电解与电镀、固体废渣洗涤、化工生产废水、化石燃料的燃烧、施用农药化肥和生活垃圾等形式进入水体；后者通过地质侵蚀、风化等作用使得重金属以自然的形式进入水体。

(1) 电镀废水

电镀行业是通用性强、使用面广、跨行业、跨部门的重要加工工业和工艺性生产技术行业。电镀可以改变金属或非金属制品的表面属性，如抗腐蚀性、外观装饰性、导电性、耐磨性、可焊性等，广泛应用于机械制造工业、轻工业、电子电气工业等，某些特殊功能镀层还能满足国防尖端技术产品的需要。由于电镀行业使用了大量强酸、强碱、重金属溶液，甚至包括镉、氰化物、铬酐等有毒有害化学品，在生产过程中排放了污染环境和危害人类健康的废水、废气和废渣，已成为一个重污染行业。我国电镀行业每年都要排放大量的污染物，包括 4 亿吨含重金属的废水。电镀生产过程中排放大量的有毒有害物质，对环境造成的污染及危害越来越为人们所认识。

电镀废水的来源一般为：①镀件清洗水；②废电镀液；③设备冷却水；④其他废水，包括冲刷车间地面、刷洗极板及通风设备冷凝水、镀槽渗漏或操作管理不当所造成的跑、冒、滴、漏的各种槽液和排水。电镀废水的水质复杂，成分不易控制，其中含有铬、汞、铜、镍、铅、锌、金、银等重金属离子。电镀废水的种类、来源和主要污染物种类及水平如表 1-1 所示。

表 1-1 电镀废水的种类、来源和主要污染物种类及水平

序号	废水种类	废水来源	主要污染物种类及水平
1	含氰废水	镀锌、镀铜、镀镉、镀金、镀银、镀合金等氰化镀槽	氰的络合金属离子、游离氰、氢氧化钠、碳酸钠等盐类，以及部分添加剂、光亮剂等。一般废水中氰浓度在 50mg/L 以下，pH 值为 8～11

序号	废水种类	废水来源	主要污染物种类及水平
2	含铬废水	镀铬、钝化、化学镀铬、阳极化处理等	六价铬、三价铬、铜、铁等金属离子和硫酸等；钝化、阳极化处理等废水还含有被钝化的金属离子和盐酸、硝酸以及部分添加剂、光亮剂等。一般废水中六价铬浓度在200mg/L以下，pH值为4～6
3	含镍废水	镀镍	硫酸镍、氯化镍、硼酸、硫酸钠等，以及部分添加剂、光亮剂等。一般废水中含镍浓度在100mg/L以下，pH值为6左右
4	含铜废水	酸性镀铜	硫酸铜、硫酸和部分光亮剂。一般废水中含铜浓度在100mg/L以下，pH值为2～3
5	含锌废水	碱性锌酸盐镀锌	氧化锌、氢氧化钠和部分添加剂、光亮剂等。一般废水中含锌浓度在50mg/L以下，pH值在9以上
6	酸碱废水	镀前处理中的去油、腐蚀和浸酸、出光等中间工艺以及冲地坪等的废水	硫酸、盐酸、硝酸等各种酸类和氢氧化钠、碳酸钠等各种碱类，以及各种盐类、表面活性剂、洗涤剂等，还含有铁、铜、铝等金属离子及油类、氧化铁皮、砂土等杂质。一般酸、碱废水混合后偏酸性
7	电镀混合废水	① 除含氰废水系统外，将电镀车间排出废水混在一起的废水；② 除各种分质系统废水，将电镀车间排出废水混在一起的废水	其成分根据电镀混合废水所包括的镀种而定

(2) 其他行业重金属废水

排放含重金属废水的行业还包括矿山、冶炼、电解、农药、医药、涂料、颜料等企业。钢铁、有色金属的开采和冶炼需耗用大量的水，其排放的废水中重金属离子成分比较复杂，废水中一般含有汞、锡、铅、铜、锌等。有色金属冶炼企业排放的废水中重金属单位体积含量不是很高，但废水量大，向环境排放的绝对量也就大。例如1989年我国有色冶金工业冶炼吨产品用水量分别为：汞 $3135m^3$、铅 $230m^3$、锌 $309m^3$、镍 $2484m^3$、铜 $290m^3$，有色冶金工业向环境重金属年排放量分别为：汞56t，占全国排放量的16%；铅226t，占全国排放量的20%；镉88t，占全国排放量的48.8%；砷173t，占全国排放量的11.3%。这些重金属基本上都是通过废水排放的。

其他行业虽然不是重金属离子工业废水的主要来源，但也有排放重金属废水的可能。例如染料行业排放的废水含有铅、铜、镉等；陶瓷行业排放的废水含有铬等；墨水制造业排放的废水含有汞、铅、铜、镍、镉等；照相行业排放的废水含有银、铅、铜、铬、镉等；造纸行业排放的废水含有铬、汞、铜、镍等；制药行业排放的废水含有铜、铁、汞、锡等；肥料行业排放的废水含有汞、铬、铅、铜、镉、镍等；氯碱制造业排放的废水含有铜、镉等；涂料行业排放的废水含有铅、钛、锌、铬等；玻璃行业排放的废水含有铅、镍、钡等；纺织行业排放的废水含有汞、铬、铅、镍、镉等。

这些工业废水如果不经过处理排放，对地下水和土壤的污染是十分严重的，应该给予足够的重视，重金属污染治理技术应该向循环用水和金属回收方向发展。

1.1.2 重金属污染的危害

重金属因具有毒性大、在环境中不易被代谢、易被生物富集和生物放大等特点，一旦未经处理而排放到自然界中，将极大地破坏生态系统，不但污染水环境，也会严重威胁水生生物的生存和人类的健康。重金属化学性质稳定，在生态系统中可长期累积，既可以在生态食物链中累积，也可以在人体器官中由于长期摄入而累积。重金属在水体中难以被生物降解，只能以不同价态在水、底泥和生物之间转移，一旦富集过量，就会对水体生物造成危害。

有些重金属可在水体微生物的作用下转化为毒性更强的金属化合物，如发生在19世纪60年代的日本水俣病事件。流入水体的汞化物，由于底泥里的细菌作用转变成毒性极强的甲基汞，生活在附近水域的鱼、虾、贝类摄入后经食物链的生物放大作用，导致当地居民食用后中毒。微量重金属元素与人体生命过程有着密切关系，虽然在体内的含量非常微小，但生理功能独特，是人体必需元素。但是含量一旦超标，必然给环境或人体造成不良影响，严重时会引起慢性中毒。当今备受关注的典型重金属主要是铬、铅、铜、镉、砷、汞、镍等元素，因为这些元素以各种各样的化学形态存在于空气、水和土壤中，由于地区工业、经济与生态环境的不协调发展而引起局域水体的重金属超标，严重地危害了人类健康并对区域生态体系造成了严重的环境污染。

（1）铬

铬是一种钢灰色的耐腐蚀硬金属，原子量51.996。铬的常见价态为三价和六价。自18世纪末发现金属元素铬以后，铬及其化合物已经在工业生产上广为应用。随着工业的发展，含铬粉尘及废水的排放量日益增长。尤其发现六价铬和三价铬均可能有致癌作用后，铬已成为引人注目的环境污染物之一。工业废水中，铬主要以六价形态存在。含六价铬废水主要来源于油墨、染料、涂料及颜料的制造、制革、金属清洗、预电镀和电镀等行业。在制造中直接使用三价铬的工业有玻璃、陶瓷、摄影、无机颜料、纺织染料和动物胶制造。

三价铬是生物所必需的微量元素。通过动物试验发现三价铬有激活胰岛素的作用，还可以增加对葡萄糖的利用。国外有人认为三价铬与铝一样，基本上不显示毒性。三价铬不易被消化道吸收，在皮肤表层与蛋白质结合，三价铬在动物体内的肝、肾、脾和血中不易积累，而在肺内存留量较多，因而对肺有一定损害。三价铬对抗凝血活素有抑制作用。与六价铬相比，三价铬的毒性仅为六价铬的百分之一。也有报道，三价铬对鱼的毒性比六价铬还大，例如对鲑鱼的起始致死浓度，三价铬

（硫酸铬）为 1.2mg/L，六价铬（重铬酸钾）为 5.2mg/L。然而对家兔和狗的实验却发现六价铬的毒性较大。在对含铬废水的处理中，由于三价铬的氢氧化物溶度积较小，易于沉淀除去，因此多数处理方法中，均将六价铬还原为三价铬再除去。

六价铬对皮肤有刺激和过敏作用，其经过伤口和擦伤处进入皮肤，会因腐蚀作用而引起铬溃疡（又称铬疮）；六价铬还会对呼吸系统造成损坏，主要表现是鼻中隔膜穿孔、咽喉炎和肺炎；六价铬还会对内脏造成损害，经消化道浸入后，会造成味觉和嗅觉减退以至消失；六价铬剂量大也会腐蚀内脏，引起肠胃功能降低，出现胃痛，甚至肠胃道溃疡，对肝脏还可能造成不良影响。此外，还有研究者认为六价铬化合物能导致呼吸道癌及支气管癌。

（2）铅

铅是一种耐腐蚀的重有色金属，原子量 207.2。铅主要以方铅矿存在于自然界中，是工业上使用最为广泛的有色金属之一，常作为一种工业原料应用于蓄电池的极板、颜料、铅玻璃、燃料、照相材料、橡胶、农药、涂料、火柴及炸药等制造业，也是许多电镀废水中的污染成分。在多数废水中，铅以无机态存在，但在四乙铅工业废水中，却含有高浓度的有机铅化合物。因此，用于无机铅的常规方法处理四乙铅工业废水就比较困难。

铅是对人体危害极大的一种重金属，它可以通过消化道和呼吸道进入人体，如果是液体铅也可通过皮肤接触进入人体。铅的毒性与其化合物的形态、溶解度大小有关。硝酸铅、醋酸铅易溶于水，易被吸收；铅白、铅的氧化物、碱式硫酸铅在酸液中易溶解，颗粒小而成粉状，毒性大；硫酸铅、铬酸铅不易溶解，毒性小；四乙基铅较无机铅毒性大。铅对神经系统、骨骼造血机能、消化系统、男性生殖系统等均有危害。特别是大脑处于神经系统发育敏感期的儿童对铅有特殊的敏感性，研究表明，儿童的智力低下发病率随铅污染程度的加大而升高，儿童体内血铅每上升 $10\mu g/100mL$，儿童智力则下降 6～8 分。为此，美国把普遍认为对儿童产生中毒的血铅含量下限由 $0.25\mu g/mL$ 下降到 $0.1\mu g/mL$。WHO 对水中铅的控制线已降到 $0.01\mu g/mL$。我国食品重金属残留限量国家标准规定铅含量（最高）：豆类为 0.8mg/kg，鲜乳为 0.05mg/kg。近年的研究表明，铅可与体内一系列蛋白质、酶和氨基酸内的官能团（如巯基）结合，干扰机体许多方面的生化和生理活动。

（3）铜

铜是一种红色金属，原子量 63.55。氯化铜、硝酸铜和硫酸铜等都溶于水。铜离子是一种常见的环境污染物，它可以使水有异味、染色并降低其透明度。人体吸入过量铜，表现为威尔逊（Wilson）氏症，这是一种染色体隐性疾病，可能是由于体内重要器官如肝、肾、脑沉积过量的铜而引起的。皮肤接触铜化合物可发生皮炎和湿疹，在接触高浓度铜化合物时可发生皮肤坏死。眼接触铜盐可发生结膜炎和眼睑水肿，严重者可发生眼混浊和溃疡。

（4）镉

镉是一种灰白色金属，原子量 112.40。在自然界中，镉主要以正二价形式存在，有时也以正一价存在。硫酸镉、氯化镉和硝酸镉溶于水，碳酸镉和氢氧化镉不溶于水。镉及其化合物的剧毒性，促使各国规定了极低的大气、废水、食物等的含镉量。国外不少国家除航天机械外，都废除了镀镉。目前，各国在电镀中都在寻求代镉工艺。可溶性镉化合物属中等毒类物质，和其他金属毒物一样，能抑制体内的各种巯基酶系统，使组织代谢发生障碍，也能损伤局部组织细胞，引起炎症和水肿。镉被人体吸收进入血液后，绝大部分与血红蛋白结合而存在于红细胞中，以后逐渐进入肝肾等组织，并与组织中的金属巯蛋白结合。镉在各脏器中的分布以肾最高，其次为肝、胰、甲状腺等。可溶性镉化合物对人的毒性约为 $15 \sim 30\mathrm{mg/kg}$。我国食品重金属残留限量国家标准规定镉含量（最高）：水果为 $0.03\mathrm{mg/kg}$，蔬菜、蛋为 $0.05\mathrm{mg/kg}$。

（5）镍

镍是一种具有高度磁性的白色金属，原子量 58.71。不溶于水，但其盐类溶于水。环境中的镍主要以二价离子状态存在。含镍废水的工业来源很多，其中主要是电镀业，其次采矿、冶金、石油化工、汽车、飞机制造、化学和纺织等工业也是镍的潜在来源。镍进入人体后主要是存在于脊髓、脑和五脏中，以五脏中的肺为主。误服较大剂量的镍盐，可以产生急性胃肠道刺激现象，发生呕吐、腹泻，其毒性主要表现在抑制酶系统，如酸性磷酸酶。镍及其盐类对电镀工人的危害主要是导致镍皮炎，产生皮疹、浅表皮溃疡、结痂或出现湿疹样病损。

（6）砷

砷是一种灰色金属，原子量 74.9216。砷不溶于水，但是许多砷酸盐易溶于水，如亚砷酸酐、亚砷酸钠、砷酸钠。砷有三价、四价和五价的化合物。亚砷酸酐溶于水形成亚砷酸，其比砷酸的毒性要大。砷酸和砷酸盐化合物存在于冶金、玻璃器皿和陶瓷产品、皮革加工、化工、合金、硫酸、皮毛、染料和农药生产等工业废水中。近年来，随着有机砷的发展，以无机砷为基础的产品逐渐被淘汰，但有机砷废水的处理相当困难。动物机体、植物中都可以含有微量的砷，海产品中也含有少量的砷。由于含砷农药的广泛使用，砷对环境的污染问题愈发严重，以含砷化合物作为饲料添加剂，过量添加，就易使牲畜体内蓄积砷，食用了这种牲畜的肉制品后，就容易造成中毒。砷侵入人体后，除由尿液、消化道、唾液、乳腺排泄外，还能蓄积于骨质疏松部、肝、肾、脾、肌肉、头发、皮肤、指甲等处。砷作用于神经系统，刺激造血器官，长期的少量侵入人体，对红血球生成会有刺激和影响。长期接触砷会引发细胞中毒和毛细血管中毒，有时会诱发恶性肿瘤。我国食品重金属残留限量国家标准规定砷含量（最高）：粮食为 $0.7\mathrm{mg/kg}$，鲜乳为 $0.2\mathrm{mg/kg}$。

（7）汞

汞又称水银，是一种白色的液体金属，也是常温下唯一呈液态状的金属，原子量 200.59。汞及其化合物都是有毒物质。由于汞具有一些特殊的物理、化学性能，所以被广泛应用在氯碱、制造纸浆、炸药、农药、电器、电子、仪表、制药、有机合成、涂料、皮毛加工等工业部门。含汞达 0.01～0.02mg/L 的水能使鱼中毒；含汞达 0.03mg/L 能够使水生虫类中毒；人饮用 2L 含汞 50mg/L 的水会中毒死亡。汞常以灰尘及蒸气的形态存在于空气中，可以通过呼吸道、皮肤、消化道侵入人体；汞的毒性是累积的，其中无机汞主要积聚于骨髓、肾、肝、脾、肠和心脏中，少量的汞积聚于脑髓、皮肤和人体的其他部分。在一般情况下多为慢性中毒。汞主要在动物体内蓄积。工厂排放含汞的废水而致水体被污染，湖泊、沼泽等的水生植物、水产品易蓄积大量的汞，通过食物链的传递而在人体蓄积。毒性最大的是汞的化合物（甲基汞、二甲基汞等），其与蛋白质形成疏松的蛋白化合物，因此对组织有腐蚀作用。当它们被人体吸收后，大部分积聚于脑髓中，其中毒症状开始是疲乏、头晕、易怒、随后发生颤抖、手脚麻痹、吞咽困难、严重者会情绪紊乱，语言不清甚至导致死亡。我国食品重金属残留限量国家标准规定：蔬菜、水果、鲜乳中汞的含量最高为 0.01mg/kg。

（8）锡

锡是容易引起中毒的一种重金属，原子量 118.71。各种酸性罐头食品的马口铁盒上的镀锡被内容物的有机酸溶解生成氯化亚锡及植物酸锡，会引起食品的锡中毒。食品中锡含量超过 200mg/kg 时，就容易发生中毒。如 1964 年 8 月，在日本静冈出现的罐头汁事件中，锡含量达 300～500mg/kg。

（9）锌

锌是一种微带蓝色的白色金属，原子量 65.38。在天然环境中，锌以二价离子状态存在。高浓度含锌废水的工业来源主要包括：钢铁厂镀锌生产线、锌铜制品、锌铜电镀、黏胶纤维、木浆和新闻纸生产等。其离子是一种毒性较小的污染物，只有当锌离子浓度比较高时，才表现出毒性作用。当水中的锌离子浓度超过 17.6mg/L 时，开始出现不愉快的味感；当锌离子浓度超过 30mg/L 时，水出现乳浊状态；当锌离子浓度为 30.8mg/L 时，饮水会使人感到恶心和晕厥；当锌离子浓度超过 0.5mg/L 时，则可使各种鱼类和农作物致死。

1.1.3 重金属废水污染现状

随着社会经济的快速发展，现代工业给人们带来巨大经济效益的同时，也给人类赖以生存与发展的生态环境带来了巨大的负担和威胁。由于金属矿的开采、冶炼、加工及制造活动，造成大量重金属进入水体，引起了严重的水环境重金属污染。我国水体面临着日益严峻的水污染问题。近年来，重金属废水污染事件时有发生。2003 年，淮河、黄河、辽河等十大流域，重金属超标断面污染程度较为严重。2004 年太湖底泥中检测出 Cu、Pb、Cd 污染。水资源对中国未来发展的影响在国内外都备受关注，被认为是中国政府在未来几年必须应对的重大挑战。国外也存在水体重金属污染严重问题，例如波兰的采矿业和冶炼业导致约有 50% 的地表水低于水质三级标准。恒河水体和沉积物中多种重金属含量均高于背景值。由此可见，水体中重金属污染已经发展成为全球性的环境污染问题。

重金属工业废水不同于农业排水和生活污水，其量大、成分复杂、难处理、不易降解和净化，危害性较大。近年来，一系列因工业生产废水乱排放导致的恶性环境污染事件多次发生。出现此类现象的原因主要有以下几方面：

① 国家政策、制度的实施情况不理想，工业生产企业的环保意识弱，自主治污减排的少。目前工业企业规模大小不一，生产工艺不一样，有些企业没有经过环保部门的审批，废水处理设施落后或利用率低；一些小型企业没有安装污水处理设施；一些企业虽有处理设施，但其设备利用率低，或者处理工艺落后；部分企业有时私自停开污水处理设施，致使未处理的工业废水直接排放进入水体。

② 水处理环保企业间存在不正当竞争现象，某些小型、不正规的挂靠公司参与污水处理市场，其生产的污水处理设施质量不过关。

③ 工业废水配套污水管网建设比较滞后，污水处理厂运行不正常，设备损坏严重，工业废水通过超越管直接排入江河。

④ 对处理废水的达标监测方面也存在很多问题，工业废水多由环保局检查大队进行抽查，但是因为排放点分布分散，有些企业私设暗管或者采取其他规避监管的方式排放工业废水，环保工作人员对排放的水量多少、排放时间不好掌握，所以工业废水很大程度上就依靠企业自觉达标排放。

⑤ 目前对工业废水偷排、暗排的处罚力度明显偏轻，甚至比超标排放的处罚还轻，不足以遏制这类严重的违法行为。

现如今，与发达国家相比，我国工业废水实际排放达标率和重复利用率仍然较低。在此背景下，环境保护部和国务院相继正式发布了《重金属污染综合防治"十二五"规划》以及《水污染防治行动计划》（简称"水十条"）。这些举措说明水污染治理是目前我国亟待解决的生态环境问题，体现了政府对水污染治理的重视程度。同时，国家制定了一系列配套政策法规，并逐步实施。全国各省市自治区也积极响应，出台地方版"水十条"及相应政策法规，为切实打好工业废水污染防治重大战役做准备。

据统计，我国工业废水排放量逐年减少，工业废水排放量从 2011 年的 230.9 亿吨减至 2016 年的 186.4 亿吨。但工业废水排放量依然巨大，对生态环境和人体健康危害也依然严重。前瞻产业研究院整理预计，到 2023 年，我国工业废水处理行业市场容量有望达到 1162 亿元。在工业细分领域，造纸、化工、纺织、钢铁等行业由于工业废水排放量大、污染性强，已成为新时期攻坚环境治理、驱动资源回用与再生的主战场。另外，随着国家对环境保护的不断重视，未来废水零排放将成为工业废水处理的主攻方向，发展前景广阔。

1.2 废水生物处理技术概念

废水生物处理技术是利用生物尤其是微生物对废水中有毒物质的富集、转化、降解等生理生化特性来处理废水中的有机物和某些无机毒物（如氰化物、硫化物），并将其转化为稳定无害的物质来改变废水水质，使废水净化达到排放标准的一种技术。废水生物处理技术是建立在环境自净作用基础上的人工强化技术，其意义在于创造出有利于微生物生长繁殖的良好环境，增强微生物的代谢功能，促进微生物的增殖，加速有机物的无机化、有害物质无害化，增进废水的净化进程。该技术具有投资少、效果好、运行费用低等优点，在城市废水和工业废水的处理中得到最广泛的应用。

1.2.1 废水生物处理技术原理

废水生物处理技术也称废水生物化学处理法，简称废水生化法，分为好氧生物处理法和厌氧生物处理法两种。

(1) 好氧生物处理法

好氧生物处理法是指利用好氧微生物在有氧条件下，将废水中复杂的有机物降解的方法。废水中的典型有机物是碳水化合物、合成洗涤剂、脂肪、蛋白质及其分解产物，如尿素、甘氨酸、脂肪酸等。这些有机物可按生物体系中所含元素量的多少顺序表示为 COHNS。在废水好氧生物处理中全部反应可用以下反应式表示：

$$微生物细胞＋COHNS＋O_2 \longrightarrow 较多的细胞＋CO_2＋H_2O＋NH_3 \qquad (1\text{-}1)$$

这些反应有赖于生物体系中的酶来加速。酶按其所催化的反应可分为：

1）氧化还原酶

氧化还原酶在细胞内催化有机物的氧化还原反应，促进电子转移，使其与氧化合或脱氢。氧化还原酶可分为氧化酶和还原酶。氧化酶可活化分子氧，作为受氢体而形成水或过氧化氢；还原酶包括各种脱氢酶，可活化基质上的氢，并由辅酶将氢传给被还原的物质，使基质氧化，受氢体还原。

2）水解酶

水解酶对有机物的加水分解反应起催化作用。水解反应是在细胞外产生的最基本的反应，能将复杂的高分子有机物分解为小分子，使之易于透过细胞壁。如将蛋白质分解为氨基酸、将脂肪分解为脂肪酸和甘油、将复杂的多糖分解为单糖等。

此外，还有脱氨基、脱羧基、磷酸化和脱磷酸等酶。许多酶只有在一些称为辅酶和活化剂的特殊物质存在时才能进行催化反应，钾、钙、镁、锌、钴、锰、氯化物、磷酸盐离子在许多种酶的催化反应中是不可缺少的辅酶或活化剂。

在好氧生物处理过程中，有机物在微生物酶的催化作用下被氧化降解，分为三个阶段：

第一阶段，大的有机物分子降解为构成单元——单糖、氨基酸、甘油和脂肪酸。

第二阶段，第一阶段的产物部分被氧化为下列物质中的一种或几种：二氧化碳、水、乙酰基辅酶 A、α-酮戊二酸或草酰乙酸。

第三阶段，即三羧酸循环，是有机物氧化的最终阶段，乙酰基辅酶 A、α-酮戊二酸和草酰乙酸被氧化为二氧化碳和水。有机物在氧化降解的各个阶段都释放出一定的能量，在有机物降解的同时，还发生微生物原生质的合成反应。在第一阶段中由大的有机物分子降解而成的构成单元可以合成碳水化合物、蛋白质和脂肪，再进一步合成细胞原生质。合成能量是微生物在有机物的氧化过程中获得的。

（2）厌氧生物处理法

厌氧生物处理法主要用于处理污水中的沉淀污泥，又称污泥消化，也用于处理高浓度的有机废水。这种方法是在厌氧细菌或兼性细菌的作用下将污泥中的有机物分解，最后产生甲烷和二氧化碳等气体，其中部分气体是具有经济价值的能源物质。我国大量建设的沼气池就是应用这种方法的典型实例。消化后的污泥与原生污泥相比：易脱水，体积小，致病菌少，臭味弱，肥分丰富且速效，易于处置。城市污泥和高浓度有机废水的完全厌氧消化过程可分为三个阶段：

第一阶段，污泥中的固态有机化合物借助于厌氧菌分泌的胞外水解酶得到溶解，并通过细胞壁进入细胞内进行代谢的生化反应。在水解酶的催化下，将复杂的多糖类水解为单糖类，将蛋白质水解为缩氨酸和氨基酸，并将脂肪水解为甘油和脂肪酸。

第二阶段，在产酸菌的作用下将第一阶段的产物进一步降解为比较简单的挥发性有机酸等，如乙酸、丙酸、丁酸等，以及醇类、醛类等；同时生成二氧化碳和新的微生物细胞。第一、第二阶段又称为液化过程。

第三阶段，在甲烷菌的作用下将第二阶段产生的挥发酸转化成甲烷和二氧化碳，因此又称气化过程。一些有机酸或醇的气化过程反应可用下式表示：

$$CH_3COOH \longrightarrow CO_2 + CH_4 \tag{1-2}$$

$$4CH_3CH_2COOH + 2H_2O \longrightarrow 5CO_2 + 7CH_4 \tag{1-3}$$

$$4CH_3OH \longrightarrow CO_2 + 3CH_4 + 2H_2O \tag{1-4}$$

$$2CH_3CH_2OH + CO_2 \longrightarrow 2CH_3COOH + CH_4 \tag{1-5}$$

为了使厌氧消化过程正常进行，温度、pH 值、氧化还原电势等条件需要保持在一定的范围内，以维持甲烷菌的正常活动，保证及时地和完全地将第二阶段产生的挥发酸转化成甲烷。生物化学反应的速度直接受温度的影响。进行厌氧消化的微生物有两类：中温消化菌和高温消化菌。前者的适应温度范围为 $17 \sim 43^{\circ}\text{C}$，最佳温度为 $32 \sim 35^{\circ}\text{C}$；后者在 $50 \sim 55^{\circ}\text{C}$ 具有最佳反应速度。

近年来，厌氧消化处理法发展到应用于处理高浓度有机废水，如屠宰场废水、肉类加工废水、制糖工业废水、酒精工业废水、罐头工业废水、亚硫酸盐制浆废水等，比采用好氧生物处理法节省费用。

1.2.2　废水生物处理技术体系

废水生物处理技术主要包括活性污泥法、生物膜法、生物塘法、厌氧生物处理法和接触氧化法等。

(1) 活性污泥法

活性污泥法是利用活性污泥在废水中的凝聚、吸附、氧化、分解和沉淀等作用，去除废水中有机污染物的一种废水处理方法。活性污泥是以废水中有机污染物为培养基，在充氧曝气条件下，对各种微生物群体进行混合连续培养形成的细菌、真菌、原生动物、后生动物等生物群体以及金属氢氧化物占主体的，具有凝聚、吸附、氧化、分解废水中有机污物性能的污泥状褐色絮凝物。

活性污泥中至少有 50 种菌类，它们是净化功能的主体。污水中的溶解性有机物透过细胞膜而被细菌吸收；固体和胶体状态的有机物先由细菌分泌的酶分解为可溶性物质，再渗入细胞而被细菌利用。其净化过程为污水中的有机物质通过微生物群体的代谢作用被分解氧化和合成新细胞的过程。可根据需要培养和驯化出含有不同微生物群体并具有适宜浓度的活性污泥，用于净化不同污染物污染的水体。

(2) 生物膜法

生物膜法是利用附着生长于某些载体表面的微生物（即生物膜）进行有机污水处理的方法。生物膜是由高度密集的好氧菌、厌氧菌、兼性菌、真菌、原生动物以及藻类等组成的生态系统，其附着的固体介质称为滤料或载体。生物膜自滤料向外可分为厌氧层、好氧层、附着水层、运动水层。其原理是生物膜首先吸附附着水层有机物，由好氧层的好氧菌将其分解。再进入厌氧层进行厌氧分解，运动水层则将老化的生物膜冲掉以生长新的生物膜，如此往复以达到净化污水的目的。生物膜法具有以下特点：

① 对水量、水质、水温变动适应性强；

② 处理效果好并具良好硝化功能；

③ 污泥量小（约为活性污泥法的 3/4）且易于固液分离；

④ 动力费用低。

生物膜法依据所使用的装置的不同可进一步分为生物滤池、生物转盘、曝气生物滤池和厌氧生物滤池。前三种用于好氧生物处理过程，后一种用于厌氧过程。

1）生物滤池

生物滤池是生物膜法中最常用的一种生物器。生物载体是小块料（如碎石块、塑料填料）或塑料型块，堆放或叠放成滤床，故常称滤料。与水处理中的一般滤池不同，生物滤池的滤床暴露在空气中，废水洒到滤床上。工作时，废水沿载体表面从上向下流过滤床，和生长在载体表面上的大量微生物和附着水密切接触进行物质交换。污染物进入生物膜，代谢产物进入水流。出水带有剥落的生物膜碎屑，需用沉淀池分离。生物膜所需要的溶解氧直接或通过水流从空气中取得。

2）生物转盘

生物转盘随着塑料的普及而出现的。数十片、近百片塑料或玻璃钢圆盘用轴贯串，平放在一个断面呈半圆形的条形槽的槽面上。盘径一般不超过4m，槽径大约几厘米。有电动机和减速装置转动盘轴，转速1.5~3r/min左右，决定于盘径，盘的周边线速度在15m/min左右。

废水从槽的一端流向另一端。盘轴高出水面，盘面约40%浸在水中，约60%暴露在空气中。盘轴转动时，盘面交替与废水和空气接触。盘面为微生物生长形成的膜状物所覆盖。生物膜交替地与废水和空气充分接触，不断地取得污染物和氧气，净化废水。膜和盘面之间因转动而产生剪切应力，随着膜的厚度的增加而增大，到一定程度，膜从盘面脱落，随水流走。

同生物滤池相比，生物转盘法中废水和生物膜的接触时间比较长。而且有一定的可控性。水槽常分段，转盘常分组，既可防止短流，又有助于负荷率和出水水质的提高，因负荷率是逐级下降的。生物转盘如果产生臭味，可以加盖。生物转盘一般应用于低水量的有机废水处理中。

3）曝气生物滤池

曝气生物滤池是设置塑料型块的曝气池，按其过程也称生物接触氧化法。其工作原理类似活性污泥法中的曝气池，但是不需要回流污泥，曝气方法一般采用全池气泡曝气，池中生物量远高于活性污泥法，故曝气时间可以缩短。运行较稳定，不会出现污泥膨胀问题。也有采用粒料（如砂子、活性炭）的。这时水流向上，滤床膨胀、不会堵塞。因为表面积高，生物量多，接触又充分，曝气时间可缩短，处理效率可提高。

4）厌氧生物滤池

厌氧生物滤池构造和曝气生物滤池相似，只是没有曝气系统。因厌氧生物滤池生物量高，和污泥消化池相比，处理时间可以大大缩短（污泥消化池的停留时间一般在10d以上），处理城市污水等浓度较低的废水时有可能采用。

(3) 生物塘法

生物塘法又称氧化塘法，也称稳定塘法。生物塘法是一种利用水塘中的微生物和藻类对污水和有机废水进行生物处理的方法。基本原理是通过水塘中的藻菌共生系统进行废水净化。藻菌共生系统是指水塘中细菌分解废水的有机物产生的二氧化碳、磷酸盐、铵盐等营养物供藻类生长。藻类光合作用产生的氧气供细菌生长，从而构成共生系统。

不同深浅的塘净化机理不同，可分为好氧塘、兼氧塘、厌氧塘、曝气氧化塘等。好氧塘为浅塘，整个水层处于有氧状态；兼氧塘为中深塘，上层有氧、下层厌氧；厌氧塘为深塘，除表层外绝大部分厌氧；曝气氧化塘为配备曝气机的氧化塘。

(4) 厌氧生物处理法

厌氧生物处理法是利用兼性厌氧菌和专性厌氧菌将污水中大分子有机物降解为低分子化合物，进而转化为甲烷、二氧化碳的有机污水处理方法，分为酸性消化和碱性消化两个阶段。

在酸性消化阶段，由产酸菌分泌的胞外酶作用使大分子有机物变成简单的有机酸和醇类、醛类、氨、二氧化碳等；在碱性消化阶段，酸性消化的代谢产物在甲烷细菌作用下进一步分解成甲烷、二氧化碳等构成的生物气体。这种处理方法主要用于对高浓度的有机废水等处理。

(5) 接触氧化法

接触氧化法是一种兼有活性污泥法和生物膜法特点的一种新的废水生化处理法。这种方法的主要设备是生物接触氧化滤池。在不透气的曝气池中装有焦炭、砾石、塑料蜂窝等填料，填料被水浸没，用鼓风机在填料底部曝气充氧。空气能自下而上夹带待处理的废水自由通过滤料部分到达地面，空气逸走后，废水则在滤料间格自上向下返回池底。活性污泥附在填料表面，不随水流动，因生物膜直接受到上升气流的强烈搅动，不断更新，从而提高了净化效果。生物接触氧化法具有处理时间短、体积小、净化效果好、出水水质好而稳定、污泥不需回流也不膨胀、耗电小等优点。

1.3　我国和欧盟部分国家对多种重金属现行排放限值

我国和欧盟部分国家对多种重金属的现行排放限值如表 1-2 所示。

表 1-2　多种重金属现行排放限值　　　　　　单位：mg/L

种类	国家								
	比	法	德	意	英	荷	芬	西	中
Cr^{6+}	0.5	0.1	0.1	0.2	NA	0.1	0.1	0.5	0.5
总 Cr	5.0	0.2	0.5	2.0	2.0	0.5	1.0	3.0	1.5
Pb	1.0	2.0	0.5	0.2	NA	NA	2.0	1.0	1.0
Cu	NA	NA	NA	NA	NA	NA	NA	NA	0.5
Cd	0.6	0.2	0.2	0.02	0.2	0.2	0.01	0.5	0.1

续表

种类	国家								
	比	法	德	意	英	荷	芬	西	中
Ni	3.0	5.0	0.5	2.0	2.0	0.5	0.5	5.0	1.0
Ag	0.1	NA	0.1	NA	NA	0.1	0.2	0.5	0.5
Hg	NA	0.1	NA	0.005	NA	0.05	0.01	0.1	0.05

注：比—比利时；法—法国（地表水体）；德—德国；意—意大利（地表水体）；英—英国泰晤士河（公共污水系统）；荷—荷兰；芬—芬兰（赫尔辛基污水处理厂）；西—西班牙；中—中国（GB 8978—1996）。NA：Not Available，不需要的，不必要的。

我国规定现有企业重金属现行排放标准限值：总铬为 1.5mg/L，新建企业为 1.0mg/L；铅为 1.0mg/L，新建企业为 0.5mg/L；镉为 0.1mg/L，新建企业为 0.05mg/L；银为 0.3mg/L，新建企业为 0.1mg/L；汞为 0.05mg/L，新建企业为 0.02mg/L。

德国对印刷线路板生产废水的浓度限值：排放到公共下水道和排放到河流六价铬均为 0.1mg/L；铅为 0.5mg/L；镍为 0.5mg/L。

芬兰赫尔科马排放推荐值：六价铬为 0.2mg/L；铜为 0.5mg/L；总镉为 0.2mg/L；总银为 0.2mg/L；总镍为 1.0mg/L；汞为 0.05mg/L。

1.4 本章小结

本章主要对重金属的概念，迁移方式，几种典型常见重金属，如铬、铅、铜、镉、砷、汞、镍等的毒性特点、污染来源及危害进行了全面的论述，并重点系统地介绍了废水生物处理技术的原理和技术体系。

参 考 文 献

[1] Wang Q., Yang Z M. Industrial water pollution, water environment treatment, and health risks in China [J]. Environmental Pollution, 2016, 218：358-365.

[2] Gautam R. K., Mudhoo A., Lofrano G., et al. Biomass-derived biosorbents for metal ions sequestration：Adsorbent modification and activation methods and adsorbent regeneration [J]. Journal of Environmental Chemical Engineering, 2014, 2 (1)：239-259.

[3] Šoštarić T. D., Petrović M. S., Pastor F. T., et al. Study of heavy metals biosorption on native and alkali-treated apricot shells and its application in wastewater treatment [J]. Journal of Molecular Liquids, 2018, 259：340-349.

[4] 冯源. 重金属铅离子和镉离子在水环境中的行为研究 [J]. 北方环境, 2013, 29 (3)：87-93.

[5] K. B. 列别捷夫. 有色冶金企业废水净化与监测 [M]. 北京：冶金工业出版社, 1986.

[6] 孟祥和, 胡国飞. 重金属废水处理 [M]. 北京：化学工业出版社, 2000.

[7] 刘静, 李树先, 朱江, 等. 浅谈几种重金属元素对人体的危害及其预防措施 [J]. 中国资源综合利用, 2018, 36：182-184.

[8] 岳霞，刘魁，林夏露，等. 中国七大主要水系重金属污染现况 [J]. 预防医学论坛，2014，20（3）：209-223.

[9] 刘猛. 改性壳聚糖及其对重金属废水吸附性能的研究 [D]. 湘潭：湘潭大学，2015.

[10] R. M 格鲁什科. 工业废水中有害无机化合物 [M]. 北京：化学工业出版社，1984.

[11] 徐业林，童英，石艳，等. 铬化合物的健康效应 [J]. 中国环境卫生，2003（6）1：125-129.

[12] Vijayaraghavan K.，Balasubramanian R. Is biosorption suitable for decontamination of metal-bearing wastewaters. A critical review on the state-of-the-art of biosorption processes and future directions [J]. Journal of Environmental Management，2015，160：283-296.

[13] 赵宇. 重金属废水污染的危害 [J]. 江西化工，2016，43（3）：145-146.

[14] Bertin，G. Averbeck，D. Cadmium. Cellular effects，modifications of biomolecules，modulation of DNA repair and genotoxic consequences [J]. Biochimie，2006（88）11：1549-1559.

[15] 汪大翚，徐新华，宋爽. 工业废水中专项污染物处理手册 [M]. 北京：化学工业出版社，2000，

[16] Jiang Y. China's water security：current status，emerging challenges and future prospects [J]. Environmental Science & Policy，2015，54：106-125.

[17] 许秀琴，朱勇，杨挺. 水体重金属的污染危害及其修复技术 [J]. 污染防治技术，2007（04）：69-71.

[18] 于萍. 锦州湾重金属污染特征和风险评价 [D]. 青岛：中国海洋大学，2011.

[19] 杨柳，李贵，何丹，等. 重金属废水处理技术研究进展 [J]. 四川环境，2014（33）3：148-152.

[20] Li P，Qian H，Howard K W F，et al. Heavy metal contamination of Yellow River alluvial sediments，northwest China [J]. Environmental Earth Sciences，2014，73：3403-3415.

[21] Yang X，Duan J，Wang L，et al. Heavy metal pollution and health risk assessment in the Wei River in China [J]. Environmental Monitoring & Assessment，2015，187（3）：111.

[22] Zhang Y，Lu X，Wang N，et al. Heavy metals in aquatic organisms of different trophic levels and their potential human health risk in Bohai Bay，China [J]. Environmental Science & Pollution Research，2016，23（17）：17801-17810.

[23] Paul D. Research on heavy metal pollution of river Ganga：A review [J]. Annals of Agrarian Science，2017，15（2）：278-286.

[24] 王滢芝，赵旭雯. 工业废水处理与重金属污染现状及问题分析 [J]. 水工业市场，2011，6：5-13.

[25] 林杨光. 厦门市新阳主排洪渠黑臭水体的综合治理 [J]. 净水技术，2018，37（s2）：132-136.

[26] 曹文平，余光辉. 环境工程导论 [M]. 北京：中国质检出版社，2012.

[27] 张敬东. 环境科学与大学生环境素质 [M]. 北京：清华大学出版社，2015.

[28] 侯晓虹，张聪璐. 水资源利用与水环境保护工程 [M]. 北京：中国建材工业出版社，2015.

[29] 肖羽堂，何德文. 城市污水处理技术 [M]. 北京：中国建材工业出版社，2015.

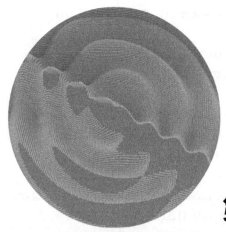

第2章
重金属废水处理基础

2.1　重金属废水处理传统技术

重金属废水的传统处理技术包括化学法和物理化学法。

2.1.1　化学法

化学法处理重金属废水的应用技术简单、易操作，目前广泛应用于电镀废水及采矿冶炼废水的治理。但在使用化学法时，不仅要不断消耗化工原料，一般占地面积较大，还产生难溶的金属化合物沉淀，例如氢氧化物沉淀和硫化物沉淀。通过过滤和分离使沉淀从水溶液中去除，由于受沉淀剂和环境条件的影响，出水浓度往往达不到排放要求。因此，还需进一步处理，产生的沉淀物必须很好地处置，否则会造成二次污染。化学法主要包括：化学沉淀法、化学还原法和高分子重金属捕集剂法等。

（1）化学沉淀法

能产生化学沉淀的化学反应类型很多，例如离子置换、络合反应等。化学沉淀的处理对象主要是重金属离子以及两性元素（砷、硼等）。为了加速沉淀，根据物质的反应特性，加入的沉淀剂有碱、硫化物、铁盐等。可以在含重金属的废水中加入碱进行中和反应，使重金属生成不溶于水的氢氧化物沉淀形式加以分离。也可以通过一些化学或物理的手段，改变解离平衡的条件，以促使沉淀生成。

1）中和沉淀法

中和沉淀法是指在含重金属的废水中加入碱进行中和反应，使重金属生成不溶于水的氢氧化物沉淀形式加以分离。中和沉淀法操作简单，是常用的处理废水方法。实践证明，在操作中需要注意以下几点：a. 中和沉淀后，废水中若 pH 值高，需要中和处理后才可排放；b. 废水中常常有多种重金属共存，当废水中含有 Zn、Pb、Sn、Al 等金属时，pH 值偏高，可能有再溶解倾向；c. 废水中有些阴离子，如卤素、氰根、腐殖质等，有可能与重金属形成络合物，因此在中和之前需经过预处理；有些颗粒小，不易沉淀，则须加入絮凝剂辅助沉淀生成。

2）硫化物沉淀法

硫化物沉淀法指加入硫化物沉淀剂，使废水中重金属离子生成硫化物沉淀从而除去的方法。与中和沉淀法相比，硫化物沉淀法的优点是：重金属硫化物溶解度比其氢氧化物的溶解度更低，而且反应的 pH 值在 7～9，处理后的废水一般不用中和。硫化物沉淀法的缺点是：硫化物沉淀颗粒小，易形成胶体；硫化物沉淀剂在水中残留，遇酸生成硫化氢气体，产生二次污染。

3）铁氧体共沉淀法

向需要处理的含重金属离子的废水中投加铁盐，通过工艺控制，达到有利于形成铁氧体的条件，使污水中的多种重金属离子与铁盐生成稳定的铁氧体共沉淀，再通过适当的固液分离手段，达到去除重金属离子的目的。重金属离子一般有几种价态，有些价态易于和沉淀剂生成沉淀，有些价态本身就是沉淀态。为了获得这些价态就需要在废水中加入氧化剂或还原剂。常用还原剂有：铁屑、铜屑、硫酸亚铁、亚硫酸氢钠、硼氢化钠等。常用氧化剂有：液氯、空气、臭氧等。铁氧体共沉淀的优点是可一次去除废水中多种重金属离子，形成的沉淀颗粒大，容易分离，颗粒不会再溶，不会产生二次污染，而且形成的沉淀物是一种优良的半导体材料，但是这种方法在操作过程中需要加热到 70℃ 左右，或更高，并且在空气中慢慢氧化，因此操作时间长，消耗能量多。

(2) 化学还原法

1）氧化还原法

氧化还原法指投加氧化剂或还原剂，将废水中有毒的物质氧化或还原为无毒或低毒物质的处理方法。氧化法主要用来处理废水中的 CN^-、S^{2+}、Fe^{2+}、Mn^{2+}、Cr^{3+} 等。常用的氧化剂有 Cl_2、O_3、O_2 等。常用的还原剂有硫代硫酸钠、硫酸亚铁、金属铁、锌、铜等。例如在处理含铬废水时，最常用的是加入亚硫酸、硫酸亚铁、硫化物、水合肼或通入 SO_2，将毒性很大的六价铬还原成毒性较小的三价铬。在实际操作中，应当考虑选择适当的氧化剂或还原剂，使生成物低毒或无毒，避免二次污染；同时价格便宜，易于取得；反应所需的 pH 值不必太高或太低。目前化学氧化还原法一般用作废水处理的预处理方法使用。

2）电化学还原法

电化学还原法指溶液与电源的正负极接触并发生氧化还原反应的方法。当对重金属废水进行电解时，废水中的重金属离子在阴极得到电子而被还原。这些重金属或沉淀在电极表面或沉淀到反应槽底部，从而降低废水中重金属含量。这种方法消耗能量大，适合于重金属浓度较高的废水。

（3）高分子重金属捕集剂法

高分子重金属捕集剂是水溶性高分子的一种，高分子基体具有亲水性的螯合形成基，它与水中的重金属离子选择性地反应生成不溶于水的金属络合物。此法在电镀废水处理中得到广泛应用。

2.1.2 物理化学法

（1）溶剂萃取法

溶剂萃取法是分离和净化物质常用的方法。由于液-液接触，可连续操作，分离效果较好。使用这种方法时，要选择有较高选择性的萃取剂，废水中重金属一般以阳离子或阴离子形式存在，例如在酸性条件下，与萃取剂发生络合反应，从水相（W）被萃取到有机相（O），然后在碱性条件下被反萃取到水相，使溶剂再生以循环利用。这就要求在萃取操作时注意选择水相酸度。

尽管萃取法有较大优越性，然而溶剂在萃取过程中的流失和再生过程中能源消耗大，使这种方法存在一定局限性，应用受到很大的限制。

（2）吸附法

吸附法主要是通过吸附材料高比表面积的蓬松结构或者特殊功能基团对水中重金属离子进行物理吸附或者化学吸附的一种方法。该方法所用吸附剂主要有活性炭、腐殖质树脂、麦饭石、沸石、蛇纹石、硅藻土、膨润土等。活性炭具有比表面积大、微孔孔径小、孔径分布窄、吸附速度快、吸附能力强、去除率高等优点，但价格贵，应用受到限制。近年来主要应用于废水中重金属和染料的去除和回收。此法在处理电镀废水中的铬、镉、铜等应用得较成熟。但是对于活性炭吸附的研究还大部分集中在单一金属离子的吸附层面，而活性炭对于多种金属离子共存的吸附研究少有报道。另外，由于活性炭的再生成本高，目前正有学者研究将微生物固化于活性炭上，从而延长活性炭的饱和时间，这也是今后活性炭吸附研究的主要方面。

腐殖质树脂对重金属离子的吸附，包括螯合、离子交换、表面吸附、聚集等作用，化学吸附和物理吸附有时同时存在。当金属离子浓度低时，以螯合作用为主；当金属离子浓度高时，离子交换占主导地位。矿物材料类吸附剂具有优良的表面特性和离子吸附与交换性能，能对重金属离子产生吸附、离子交换、沉淀、表面络合等作用，可达到治理废水的目的。矿物材料具有来源广泛、成本低廉、工艺简单、使用方便、无需再生等优点。因此，对新型环境功能矿物材料的研究、开发和应用将有着极大的科学、社会和经济意义。

（3）离子交换法

离子交换法主要是基于一种合成的离子交换剂作为吸附剂，以吸附溶液中需要分离的离子。离子交换剂通常是一种不溶性高分子化合物，如树脂、纤维素、葡聚糖、醇脂糖等，其分子中含可解离的基团，这些基团在水溶液中可以与溶液中的其他阳离子或阴离子起交换作用。虽然交换反应都是平衡反应，但由于连续添加新的交换液，平衡不断地按正方向进行，直至完全。推动离子交换的动力是离子间浓度差和交换剂上的功能基对离子的亲和能力。多数情况下离子是先被吸附，再被交换，具有吸附、交换双重作用。离子交换法的特点是树脂无毒性且可反复再生使用，少用或不用有机溶剂，因而成本低、设备简单、操作方便。

随着离子交换树脂的发展，离子交换法在废水处理中的应用越来越广泛。离子交换技术已经应用于化肥废水、含铬废水、含酚废水等的处理中，主要用于回收重金属、贵金属和稀有金属，净化有毒物质。目前这种材料的应用越来越多，如膨润土、天然沸石等。天然沸石在对重金属废水的处理方面比膨润土具有更大的优点。

(4) 膜分离技术

膜分离技术分离过程是利用在某种环境中混合物各组分性质的差异进行分离。膜分离过程是以选择性透过膜为分离介质，在两侧加以某种推动力时，原料组分选择性地透过膜，从而达到分离或提纯的目的。此分离技术是对水进行适当的前处理，如氧化、还原、吸附等之后，将水中的重金属离子转化为特定大小的不溶态微粒，然后通过滤膜将重金属离子分离出去。该技术主要包括电渗析法、液膜法、纳滤法、超低压反渗透膜法、胶束增强超滤法和水溶性聚合物络合超滤法等。

电渗析是在直流电场作用下，利用阴阳离子交换膜对溶液阴阳离子选择透过性，使水溶液中重金属离子与水分离。电渗析是一种相当成熟的膜分离技术，主要用途是苦咸水淡化、生产饮用水、浓缩海水制盐，以及从体系中脱除电解质。电渗析是目前所有膜分离过程中唯一涉及化学变化的分离过程。液膜法是一种以液膜为分离介质，以浓度差为推动力的膜分离操作。液膜法与溶剂萃取虽然机理不同，但都属于液-液系统的传质分离过程。液膜是悬浮在液体中很薄的一层乳液微粒，能把两个组成不同而又互溶的溶液隔开，并通过渗透现象起到分离的作用。此技术处理重金属废水是选择合适的液膜载体，重金属离子经液膜处理后浓度降低，从而达到去除有害的重金属离子，同时也能回收重金属作为工业原料，达到化害为利综合利用的目的。只要能选择合适的载体，用液膜法处理重金属废水是非常有效的，如电镀废水中含有六价铬、镍、锌、铜、镉等离子都可以用液膜法处理。

膜分离技术作为一种高新技术在工业废水处理领域已有广泛的研究和探索，由于其分离效率高、无相变、节能环保、设备简单、操作简便等特点，使其在水处理领域具有相当的技术优势，已成为工业废水处理不可缺少的技术之一。

2.2　重金属废水处理生物吸附法

生物吸附法作为一种新兴的重金属废水处理技术，在处理低浓度的重金属废水方面有着极为广阔的发展前景。生物吸附法是利用自然界广泛存在而且廉价的生物体，包括细菌、真菌、藻类、苔藓、木质纤维素类如谷皮、玉米芯等物质，吸附废水特别是重金属废水中的污染物，减轻环境毒害的一种废水处理方法。

与传统的非生物吸附处理方法相比，生物吸附作为处理重金属污染的新技术具有以下优点：生物材料来源丰富，品种多，成本低廉；设备简单，易操作，投资小，运行费用低；吸附量大，处理效率高，在低浓度条件下，重金属可以被选择性地去除，能适用的 pH 值和温度范围宽，可有效地回收一些贵重金属。在后处理方面，用一般化学方法可以解吸生物吸附剂或吸附剂上吸附的金属离子，且解吸后的生物材料可循环利用。生物体借助化学作用吸附金属离子称为生物吸附。生物吸附的概念最早由 Ruchhoft 在 1949 年提出，在他的研究中，活性污泥被用作吸附剂来去除废水中的放射性元素钚（Pu），他认为微生物能够去除钚的原因是由于微生物的繁殖，形成大面积的凝胶网的结果。

2.2.1 生物吸附剂的来源和类型

自然界中生物吸附剂的来源十分广泛，许多生物体都具有优越的重金属吸附能力，具有从溶液中分离重金属能力的由生物体制备的衍生物通称为生物吸附剂。其中具有重金属吸附价值的生物吸附剂主要来源于微生物和植物等，如细菌、真菌、藻类和植物类副产品等。实验表明，这些吸附剂均表现出对不同重金属的吸附能力。例如真菌中的臭曲霉（*Aspergillus foetidus*）、黑根霉（*Rhizopus nigricans*）、少孢根霉（*R. oligosporus*）、少根根霉（*R. arrhizus*）对 Cr 分别表现 出了 2mg/g、47mg/g、126mg/g、11mg/g 的吸附能力；黑曲霉（*Aspergillus niger*）、黑酵母菌（*Aureobasidium pullulans*）、鲁氏毛霉（*Mucor rouxii*）、黏红酵母（*Rhodotorula glutinis*）对 Pb^{2+} 分别表现出了 30mg/g、56.9mg/g、769mg/g、73.5mg/g 的 吸 附 能 力。藻类中的小球藻（*Chlorella vulgaris*）、杜氏藻（*Dunaliella* sp.）、拟厚膜藻（*Pachymeniopsis* sp.）对 Cr 分别表现出了 3.5mg/g、58.3mg/g、225mg/g 的吸附能力；泡叶藻（*Ascopphyllum nodosum*）、福斯卡小球藻（*Chlorella fusca*）对 Pb^{2+} 分别表现出 270～360mg/g、293mg/g 的吸附能力。细菌来源的吸附剂凝结芽孢杆菌（*B. coagulans*）、巨大芽孢杆菌（*B. megaterium*）对 Cr 分别表现出了 39.9mg/g、30.7mg/g 的吸附能力。植物源吸附剂中的柏树雌性球果（*Cupressus Female Cone*）对 Cr 的吸附能力为 119mg/g；紫花苜蓿（*Alfalfa*）、绢毛杜鹃（*Azolla filiculoides*）、金鱼藻（*Ceratophyllum demersum*）对 Pb^{2+} 的吸附能力分别为 43mg/g、93mg/g、45mg/g。

生物材料的吸附剂分为活体和死体两种类型。根据活体和死体生物吸附剂对重金属离子的吸附可有两种不同的定义：生物吸附和生物蓄积。生物吸附是指物质通过共价、静电或分子力的作用吸附在生物体表面的现象。重金属离子被动结合可发生于死体或活体生物体，包括在细胞表面快速物理吸附或离子交换。生物蓄积是指生物有机体在生长发育过程中直接从环境介质或从所消耗的食物中吸收并积累外来物质的现象。主动结合发生于活体细胞，是由于生物体代谢活动的结果。

活体材料用于有毒金属离子的吸附时，其毒性作用及吸附机理复杂，限制了生物体对重金属离子吸附的富集及在离子选择性结合方面的应用。因不存在离子的毒性作用，死体生物材料常被用来吸附水体中的重金属离子。只有当水体中含有少量易降解的有机物和重金属离子时，才采用活体微生物处理以降解有机物和吸附重金属。但重金属离子对微生物的活性有抑制，该法对金属含量高的体系不适用。

2.2.2　生物吸附机理

近些年来，国内外许多学者对生物吸附机理进行了研究，随着重金属生物吸附研究的深入，提出了表面络合、离子交换、静电吸附、氧化还原、酶促机理、微沉积、重金属离子与吸附位点的配位、螯合、细胞脂质过氧化、主动运输、载体协助运输、复合物渗透、被动扩散及软硬酸碱理论（HSAB）等各种机理。这些机理在不同的吸附条件和环境下，可能单独作用，也可能同时作用。

Tsezo 采用电镜、X 射线光电子能谱和红外光谱等分析手段研究根霉吸附铀的吸附机理，实验结果证实了在根霉生物吸附铀的过程中先后存在着三种吸附机理。开始铀与氮原子发生络合反应，被吸附在细胞壁上的几丁质上，随后铀被吸附于细胞壁的网状多孔结构中，最后铀-几丁质络合物水解形成微沉淀促进铀进一步被吸附。Ashkenazy 通过化学修饰和光谱分析手段证明了经丙酮冲洗的酵母生物吸附铅的主要官能团为强负电性的羧酸根基团和几丁质上的胺基，其吸附机理为静电吸附和络合反应。

吸附机理基本为两种类型：一类是活体吸附，即依赖于生物新陈代谢；另一类是死体吸附。生物吸附的机理因菌种、重金属离子的不同而异，死体生物主要靠表面吸附，而活体生物既有表面吸附又有主动吸附。对于不同的微生物（如藻类、真菌和细菌等），其细胞壁主要组成成分的差异导致了其吸附机理的不同。生物体成分的多样性在吸附过程中起着关键的作用，具体表现在细胞壁表面的一些具有金属络合、配位能力的基团起作用，如硫基、羧基、羟基和氨基等基团。这些基团通过与吸附的重金属离子形成离子键或共价键达到吸附重金属离子的目的，其吸附重金属的能力有时优于合成的化学吸附剂，同时重金属还可以以磷酸盐、硫酸盐、碳酸盐或是氢氧化物形式以及聚核作用在细胞壁上或是细胞内部沉积下来。

此外，溶液中的重金属离子也在一定程度上影响着生物吸附机理。Holan 指出了铅和镍在同一种吸附剂下的不同吸附机理。研究结果表明，微生物处理重金属废水过程中被动吸附是微生物对重金属吸附的主要形式，包括细胞表面覆盖的胞外多糖（EPS）、细胞壁上的磷酸根、羧基、胺基等基团以及胞内的一些化学基团与重金属间的结合，其机理与生物活性无关。根据溶液中重金属离子去除位置而异，生物吸附可分为细胞外的富集/沉淀、细胞表面吸附/沉淀、细胞内部富集。胞外富集一般在溶液重金属离子浓度很低时才行。大多数的微生物对重金属的吸附发生在细胞表面，速度快且依赖 pH 值。

2.2.3　生物吸附过程

生物吸附过程是一个固液接触的过程，其中液相为废水溶液，而固相为生物吸附剂。生物吸附剂形态可为粉末状，其优点是加大固液接触面积，提高了传质速率，加快了吸附过程；其缺点是吸附过程达饱和后，需进行后续分离处理，增加了生产装置，提高了生产成本，所以一般用在实验室理论研究阶段，很难应用于实际的废水处理中。生物吸附剂也可经物理化学处理或培养为颗粒状或采用吸附剂固定化的方法，其优点是可采用吸附床，易于再生处理；其缺点是两相接触不充分，难以达到吸附的最佳效果。生物吸附过程可以采用间歇操作，也可以采用连续流动操作。

间歇操作一般采用间歇搅拌槽为吸附装置。该过程可以是单程操作，也可以是多程操作。通过搅拌使固体颗粒或粉末在反应器中均匀分布，促进固液之间的传质过程。当生物吸附过程达到平衡后，应将固体悬浮液通过过滤、沉降、浮选、离心等手段进行分离，以得到吸附剂和净化后的水溶液。

连续流动操作一般采用固定床作为吸附装置。在固定床中，将颗粒状的生物吸附剂固定于吸附柱上，使其与含有吸附组分的流体进行动态吸附。20 世纪 90 年代至今，利用此法对多种重金属进行了生物吸附，取得了不错的去除效果。

2.3　重金属生物吸附研究进展

2.3.1　国内研究进展

柏松通过总结农林废弃物为生物吸附剂的相关文献，指出利用农林废弃物制备生物吸附剂处理重金属废水日益受到重视，由于其数量巨大、可再生和环境友好的特点，经改性处理的农林废弃物去除效果更好。利用农林废弃物制备廉价、高效的吸附剂处理重金属废水，既实现了资源的综合利用，又达到了以废治废的目的，故具有广阔的应用前景。

李佳昕在泡桐树叶吸附 Pb^{2+} 和 Cd^{2+} 实验中，分别用 NaOH-乙醇、H_2SO_4-甲醛、四氢呋喃-巯基乙酸对泡桐树叶粉末进行化学改性，改性后的吸附能力较未改性的吸附能力提高明显，改性后 Pb^{2+} 和 Cd^{2+} 平衡吸附容量分别达到 15.38mg/g 和 14.71mg/g。通过仪器分析得知，泡桐树叶表面的羧基、羟基和酰胺等活性官

能团在吸附 Pb^{2+} 和 Cd^{2+} 过程中起主要作用。

吴海露使用多种类型的生物质废弃物（甜蔗渣、甘蔗渣、花生壳、山核桃木、松针、苔藓、猪粪和生物污泥）为原料，以不同的炭化方式制备生物质炭，讨论其性质，并选取其中几种生物质炭研究其对重金属离子 Pb^{2+} 的吸附性能与机理，以期筛选出高吸附效率的生物质炭吸附剂。通过对 8 种原料热解制成的生物质炭的表面形貌、物相结构、比表面积、热稳定性、元素组成方面进行分析，结果表明：不同原料的生物质炭的理化性质差别较为明显；在吸附影响因素方面，pH 对生物质炭吸附 Pb^{2+} 的影响较为显著；另外，生物质炭吸附铅的过程均符合准二阶动力学模型。

谢超然等采用 500℃ 限氧裂解法将农林废弃物核桃青皮制成核桃青皮生物炭，进行核桃青皮生物炭对铅、铜的批量吸附实验。探究了反应时间、溶液初始浓度、温度、吸附剂投加量和 pH 值对核桃青皮生物炭吸附 Pb^{2+} 和 Cu^{2+} 的影响。结果表明：反应温度 25℃、pH 值为 6.0 时，核桃青皮生物炭在 20min 内即可完成对 Pb^{2+} 和 Cu^{2+} 的吸附，在最优投加量分别为 0.8g/L、1.5g/L 时，对 Pb^{2+} 和 Cu^{2+} 的最大吸附容量分别为 476.190mg/g、153.846mg/g。吸附过程符合准二阶动力学模型和 Langmuir 吸附等温线模型，说明其吸附过程主要是近似单分子层的化学吸附。

赵雅兰选择国内产量较大的花生壳作为原料，由于其主要成分为木质素，实验中分别使用白腐真菌和漆酶对其进行生物改性，以此暴露出更多官能团，提高重金属离子的螯合能力。通过正交实验，得到了两种改性的最优吸附条件，最后进行批量吸附实验。通过实验分析得到如下结论：

① 改性后的花生壳对 Cd^{2+} 吸附容量达到 7mg/g，较未改性时的吸附容量提高了 32%；

② 改性使花生壳的部分木质素降解，使得更多官能团参与了吸附过程；

③ HNO_3、NaCl、EDTA 均能够对花生壳进行解吸，其中解吸效果最好的是 HNO_3，解吸率可达到 92.26%。

Zhu 等通过脂肪酸（癸酸、月桂酸、棕榈酸、油酸）改性核桃壳来吸附溶液中的萘，与其他改性的吸附剂相比，脂肪酸改性吸附剂显示出了最大的分配系数（4330L/kg±8.8L/kg），其极性和芳香性对吸附剂的吸附能力有显著影响。在温度为 25℃，反应时间为 40h，吸附剂量为 1g/L，初始铅离子浓度为 25mg/L，pH 值为 7 时，其吸附剂量为 7.21mg/g。此外，因为该吸附剂具有低成本、高吸附能力和再生性能好的特点，使其可以作为一种有前途的生物吸附剂来去除萘。

Li 综述了生物炭的特性（表面积、孔隙率、pH 值、表面电荷、官能团和矿物成分），以及主要机制。生物炭吸附重金属越来越多地受到关注。然而，大部分研究都是在实验室进行，重点解决的也是种类较少的多元重金属体系。在自然水域还存在其他污染物，从而存在炭表面吸附竞争。到目前为止，很少有研究生物炭的竞争吸附。

廖文龙借助磁性纳米材料具有超顺磁性，把磁性纳米材料和生物吸附材料结合，通过外加磁场以实现固液相快速分离。制备复合生物吸附剂后，进行吸附条件优化，室温下吸附过程能够在 5min 内完成，饱和吸附容量为 63.9mg/g；通过吸附动力学模型和吸附等温线模型拟合，吸附过程符合准二阶动力学模型和 Langmuir 吸附等温线模型。

Yan 等用聚乙烯亚胺（PEI）作为改性剂来修饰海藻酸盐微球以达到吸附去除 Cr(Ⅵ)。这种新的吸附剂通过傅里叶变换红外光谱（FTIR）、扫描电子显微镜（SEM）、能谱（EDS）、X 射线光电子能谱（XPS）等显示，在 pH 值为 2.0 时最佳。吸附过程与准二阶动力学模型拟合和 Freundlich 吸附等温线模型拟合。最佳试验条件下，对 Cr(Ⅵ) 的最大吸附量为 431.6mg/g，明显高于单纯用海藻酸盐的吸附量（24.2mg/g）。更重要的是，海藻酸盐@PEI 只显示轻微的损失，可经过 10 个循环的吸附解吸研究。

Yu 等用海藻酸钙来吸附去除水溶液中的 U(Ⅵ)。经过一系列吸附实验，结果用电镜、X 射线光电子能谱和傅里叶变换红外光谱分析。最终结果表明，在吸附剂表面有羟基和烷氧基等，海藻酸钙吸附 U(Ⅵ) 强烈依赖于 pH 值，在 pH 值为 3.0～7.0 时吸附增加，在 pH 值为 7.0～9.0 时下降。2min 内达到吸附平衡。吸附动力学符合准一阶动力学模型，吸附等温线可用 Redlich Peterson 模型描述，最大吸附量为 237.15mg/g，吸附过程是自发的放热反应。

Li 等研究了在有 Cu 和无 Cu 的影响下，用氨三乙酸改性磁性氧化石墨烯以去除水溶液中的环丙沙星。吸附剂理化性质采用 SEM、TEM、XRD、FTIR、XPS 和 Zeta 电位等表征。吸附过程可以较好地用准二阶动力学模型和 Freundlich 吸附等温线模型模拟。吸附研究结果表明，通过 Cu 的吸附架桥作用，可以明显提高吸附剂的吸附能力。由此解释了该种复合生物吸附剂的作用机制，证明其可以同时去除重金属离子和有机污染物质。

2.3.2 国外研究进展

Mahmoud 等通过邻苯二甲酸把金黄色葡萄球菌固定在磁性 Fe_3O_4 纳米颗粒表面，设计合成一种新型吸附剂 $n\text{-}Fe_3O_4\text{-}Phth\text{-}S. aureus$，来从废水中吸附去除 Pb(Ⅱ)、Ni(Ⅱ) 和 Cu(Ⅱ)。吸附影响因素优化后，测得吸附量 Pb(Ⅱ)＞Ni(Ⅱ)＞Cu(Ⅱ)，分别为 1355mmol/g、985mmol/g 和 795mmol/g。吸附研究发现 $n\text{-}Fe_3O_4\text{-}Phth\text{-}S$ 对 Pb(Ⅱ) 有较高选择性和最大的去除率，对海水、饮用自来水和工业废水的去除率可分别达到 100%、99.4% 和 95.2%。因此，$n\text{-}Fe_3O_4\text{-}Phth\text{-}S$ 可作为去除二价金属离子的高效生物吸附剂。

Lee 等利用改性炭泡沫从电镀废水中生物吸附铬，铜和镍混合物。在这项研究中，Fe_2O_3 泡沫炭表面孔径为 $12\sim420\mu m$，铁含量为 3.62%。对阳离子、阴离子的重金属混合溶液有良好的吸附效率。铬、铜和镍的吸附量分别为 $6.7mg/g$、$3.8mg/g$ 和 $6.4mg/g$。在不同剂量的吸附实验中，去除率均无显著差异。

Akram 等利用芒果生物复合材料对 Cr(Ⅵ) 进行吸附动力学研究和等温吸附研究。对 pH 值、初始 Cr(Ⅵ) 离子浓度、吸附剂量、反应时间和反应温度进行优化，实验结果表明：上述条件分别在 pH 值为 3.0、初始 Cr(Ⅵ) 离子浓度为 $200mg/L$、吸附剂量为 $0.05g$、反应时间为 $30min$ 和反应温度为 $33℃$ 时达到最佳，此时，吸附容量也达最大。用动力学模型（准一阶和准二阶）和吸附等温线模型（Langmuir、Freundlich）来分析吸附 Cr(Ⅵ) 机制。Cr(Ⅵ) 的解吸可利用 NaOH 溶液实现，生物复合材料对 Cr(Ⅵ) 有高效的去除效果。

Zazycki 等使用甲壳素（CTN）、壳聚糖（CTS）和活性炭（AC）从手机垃圾渗滤液吸附贵重金属，最后贵重金属再用硫脲浸出提取。实验表明，手机接触器是由金、镍、铜和锡组成，浸出 68.6% 的金、22.1% 的镍和 2.8% 的铜、锡未能提取出来，提取含量分别为 $17.5mg$、$573.1mg$、$324.9mg$。手机垃圾渗滤液去除率高达 95%，由此表明，甲壳素、壳聚糖和活性炭可以从手机垃圾渗滤液中回收有价值的金属。

Wang 等使用蚯蚓粪源生物炭对水溶液中的 Pb^{2+} 进行动力学和吸附平衡研究。研究发现吸附剂表面含有如羟基（—OH）和羧基（—COOH）等官能团，吸附剂最大吸附容量可达 $21.6mg/g$。吸附动力学遵循准二阶动力学模型，吸附平衡数据可由 Langmuir 吸附等温线模型拟合。离子交换、氢键、静电相互作用以及表面含氧官能团对吸附 Pb^{2+} 起作用。

Pathak 等综述了重金属离子浸出的催化潜力、潜在的技术经济和环境方面问题。生物浸出是一种低成本、环境友好的技术来浸出贵重的重金属。然而，由于重金属浸出率低，限制了其更广泛的商业应用。通过加入催化剂，利用其催化性能可提高各种重金属离子的生物浸出率，对未来的工业生物湿法冶金工艺发展起到了关键作用。

Abdelfattah 等利用花生壳作为高效吸附剂对重金属离子进行吸附。使用廉价的花生壳粉，去除 Pb^{2+}、Cd^{2+}、Mn^{2+}、Ni^{2+} 和 Co^{2+}。进行吸附实验后，获得最佳的吸附条件，如生物吸附剂量为 $5g/L$、pH 值为 6.0、离子浓度为 $20mg/L$、反应时间为 $3h$，吸附过程符合 Langmuir 吸附等温线模型。

Abdel 等探索用鸡蛋壳（蛋壳＋膜）吸附工业废料中阳离子、阴离子。采用多种手段观察分析处理过和未经处理的蛋壳表面形貌和机理。

Dubey 等研究磁性纳米粒子对钇（Ⅲ）的吸附。通过实验测得，磁性纳米粒子对钇（Ⅲ）的最大吸附容量为 $13.5mg/g$。最佳条件：pH 值为 6.9、吸附剂剂量为

250mg/L、初始金属离子浓度为 3.6mg/L、反应时间为 50min、温度为 25℃。吸附动力学符合准二阶动力学模型。

Rozumová 等使用磁改性花生壳作为吸附剂来吸附水体中的重金属 Pb^{2+} 和 Cd^{2+}。实验结果表明，磁改性花生壳是一种合适的材料用于从水溶液吸附 Pb^{2+} 和 Cd^{2+}。吸附数据符合 Langmuir 吸附等温线模型。结果表明，在吸附剂外表面形成单层吸附，并没有进一步吸附。Pb^{2+} 和 Cd^{2+} 最大单层吸附量为 28.3mg/g 和 7.68mg/g。解吸实验证明，重金属离子牢固地结合到吸附剂表面。

Esmaeili 等使用壳聚糖纳米粒子涂层海藻酸钠对铜和钴离子去除。在这项研究中，研究人员构建了一个生物反应器，采用响应曲面法进行优化。进行实验的最佳条件：反应时间为 30min、pH 值为 6.4、吸附剂剂量为 6000mg/L、初始金属离子浓度为 70mg/L。实验测定出 Cu^{2+} 和 Co^{2+} 去除率可达 95.76% 和 94.48%。动力学数据符合准二阶动力学模型，吸附等温线模型可以用 Freundlich 吸附等温线模型描述。

2.4 人工制备生物基吸附剂研究进展

2.4.1 生物炭吸附剂

生物炭是生物质材料在限氧条件下，经热裂解而生成的较高比表面积和孔隙率的固态物质。其表面富含羧基、羟基和羰基等官能团，是去除水体重金属的良好材料。制备生物炭的材料来源广泛，林业、农业和养殖业废弃物等都可作为生产生物炭的原料。

Li 等总结了生物炭吸附重金属机制，分别是：静电相互作用、离子交换作用、官能团络合作用、与重金属形成微沉淀和氧化还原反应。比较了不同重金属的吸附机制，如 As（络合和静电作用）、Cr（静电、还原和络合作用）、Cd 和 Pb（络合、离子交换作用和微沉淀）以及 Hg（还原和络合作用）。谢超然等采用 500℃限氧裂解法将核桃青皮制成生物炭吸附 Pb^{2+} 和 Cu^{2+}，其最大吸附容量分别为 476.19mg/g、153.846mg/g。吸附过程符合准二阶动力学模型和 Langmuir 吸附等温线模型，都属于单分子层的化学吸附。王向前等总结了生物炭吸附重金属能力的差异与制备生物炭原料、工艺条件以及环境介质条件有关。Ho 等利用厌氧消化污泥在热解条件下制得生物炭去除 Pb^{2+}，其吸附容量为 51.20mg/g，吸附过程可用准二阶动力学模型和 Langmuir 吸附等温线模型。Pb^{2+} 的去除机制是静电、表面络合和离子交换作用。

2.4.2 藻类吸附剂

藻类是一类光合自养生物，在海水和淡水中广泛存在。因为藻类具有低成本和高吸附能力的特点，所以被应用于水体重金属污染的治理。藻类生物质细胞壁通常含有三种成分：纤维素、海藻酸和聚合物。这些组分中的氨基、羧基、羟基和酰胺基等官能团在生物吸附中起着重要作用。Bagda 等以绿藻来吸附水溶液中的 U^{6+}，结果表明：在最优条件（pH 值为 5.0，吸附剂浓度为 12g/L，反应时间为 60min，温度为 20℃）下，其最大吸附容量是 152mg/g。Anastopoulos 等研究表明，微藻和大型藻类吸附重金属能力受 pH 值影响显著，主要由于其影响细胞壁表面的官能团。Bulgariu 等采用绿藻吸附 Pb^{2+}、Cd^{2+} 和 Co^{2+}，研究表明：较优吸附条件 pH 值均在 6.0～7.0；温度在 15～35℃，吸附容量基本无变化；对实际工业废水的重金属去除率均大于 80%。郑蒙蒙等总结了藻类吸附重金属的机理包括：络合、离子交换作用和氧化还原反应。对比活体、死体藻类吸附 Cu^{2+}，发现在吸附容量相同情况下，死体藻类对 Cu^{2+} 吸附速率要大于活体藻类。

2.4.3　菌类吸附剂

菌类种类和数量繁多。目前，常用的菌类吸附剂有细菌、放线菌和真菌。菌类具有吸附速率快、吸附能力高、选择性好以及吸附设备简单、易操作等优点。由于重金属对活菌体具有毒性，所以多数研究所用的吸附材料均为死菌体。

Zheng 等使用酿酒酵母菌吸附 U^{6+}，光谱分析结果表明：酿酒酵母可以将 U 转化为结晶状态的 $[H_2(UO_2)_2(PO_4)_2 \cdot 8H_2O]$。Masoumi 等从土壤分离出短小杆菌来吸附 Pb^{2+} 和 Ni^{2+}，吸附数据都很好地拟合了准二阶动力学模型和 Langmuir 吸附等温线模型；Pb^{2+} 和 Ni^{2+} 的最大吸附容量为 186.60mg/g 和 140.99mg/g。Karthik 等从制革工业废水污染的土壤中分离出新型耐盐性菌。通过菌株将 Cr^{6+} 转化成 Cr^{3+}，来降低毒性；最后再通过细胞表面官能团参与 Cr^{3+} 吸附。Munoz 等从废水处理厂筛选出克雷伯氏菌来吸附 Ag^+，其最大吸附容量为 114.1mg/g；实验结果符合准二阶动力学模型和 Langmuir 吸附等温线模型。

2.4.4　农林废弃物吸附剂

农林废弃物是一种重要的可再生资源，主要由纤维素、半纤维素、木质素、果胶质和蛋白质组成，具有来源广泛和环境友好的优点。常用的有秸秆、核桃壳、花生壳、果皮、树叶和蟹壳粉等。为进一步提高吸附能力，可对其进行物理改性和化学改性。王俊丽用 $Ca(OH)_2$ 改性泡桐树叶粉末吸附 Pb^{2+}，在 60min 内基本达到平衡。当吸附剂浓度为 0.8g/L 时，对 Pb^{2+} 的吸附容量最大；pH 值为 5.0 时去除率达 95.63%。Abdelfattah 等利用低成本的花生壳粉去除水溶液中的重金属。对实际废水的 Pb^{2+}、Fe^{3+}、Cr^{2+}、Cu^{2+}、Zn^{2+}、Cd^{2+}、Mn^{2+}、Co^{2+} 和 Ni^{2+} 的去除率分别达到 100%、95%、56%、51%、45%、41%、38%、28% 和 30%。Cadogan 等采用蟹壳粉去除核废液中的 Eu^{3+}。结果表明：在最优条件下，最大吸附容量可达 32.6mg/g，实验数据符合准二阶动力学模型和 Langmuir 吸附等温线模型。

2.4.5 复合生物吸附剂

鉴于传统生物吸附剂存在利用率低、不能再生和分离困难等缺点，研究者设计合成复合生物吸附剂，在既利用了传统吸附剂优点的同时，又克服了上述缺点。如固定化技术增加了吸附剂化学稳定性和机械强度，通过吸附/解吸循环，提高了利用率。磁学与纳米技术结合诞生磁性纳米材料，解决了吸附剂颗粒直径小分离困难的问题。

Mahmoud 等研究制得新型吸附剂 n-Fe$_3$O$_4$-Phth-S. aureus 用于铅、镍和铜的吸附研究，均取得了良好结果。Islam 等制得针状氧化铁@CaCO$_3$ 吸附剂用于去除重金属阴离子（AsO$_4^{3-}$ 和 Cr$_2$O$_7^{2-}$）和阳离子（Pb^{2+}）。结果表明：对 As^{5+}、Cr^{6+} 和 Pb^{2+} 的吸附容量为 184.1mg/g、251.6mg/g 和 1041.9mg/g；吸附 9min 重金属的去除率就达 99.99%，明显快于常规吸附剂。Lee 等制备磁性碳泡沫吸附剂，用于金属镀层废水中 Cr^{6+}、Ni^{2+} 和 Cu^{2+} 的吸附研究，去除率分别为 64.37%、92.34% 和 99.67%。Safinejad 等使用低成本的磁性核桃壳粉去除 Pb^{2+}。吸附剂尺寸减小增加了 Pb^{2+} 吸附容量；吸附剂增加磁性，解决了分离困难。Dong 等用 HCl、KOH 和 H$_2$O$_2$ 预处理生物炭（BC），再负载纳米零价铁（nZVI），最终形成 3 种生物吸附剂（nZVI@HCl-BC、nZVI@KOH-BC 和 nZVI@H$_2$O$_2$-BC）。通过对 Cr^{6+} 去除能力比较，发现 nZVI@HCl-BC 显示出最好的性能，其原因可能是使用 HCl 处理的生物炭表面积较大和表面负电荷较低。

2.5 生物基吸附剂处理重金属废水前景展望

与欧美国家相比，我国生物吸附重金属的研究较晚，作为一种新兴的重金属废水处理技术，尽管具有许多传统的重金属废水处理技术所不具备的优势，但目前的理论基础研究还不够成熟，研究主要集中在实验室阶段，实际应用的进程缓慢。从未来的发展趋势来看，可在以下方面开展相关的研究工作：

① 从自然界中筛选新的微生物菌种并对其进行人工驯化；从重金属污染处筛选抗性菌种或菌株；利用基因工程等现代生物技术对现有优势的菌种进行基因改造，获得高效微生物菌种；进一步研究农林牧等产业副产品作为吸附剂，开发出高效重金属吸附剂。

② 加大固定化生物技术的开发力度，创新优化处理工艺，提高重金属的去除效率；开发环境功能材料和使用新技术、新方法改进生物吸附材料，以改善现有生物吸附材料去除重金属的不足。

③ 开展生物、物理、化学、冶金、环境等跨学科合作，拓展新型吸附材料应用领域。

④ 深入研究重金属生物吸附相关机理，完善生物吸附理论。

⑤ 开展针对性研究和实践探索来解决应用中的瓶颈，为工业废水重金属离子的去除提供理论支撑与实践技术指导，提高科研研究成果转化能力，实现工业化应用。

2.6　磁性分离技术在废水处理中的应用

磁性分离技术是 20 世纪 60 年代末到 70 年代初发展起来的一门磁应用科学。磁性分离技术在工业上的应用由来已久，最初用来分离磁性物质与非磁性物质。随着各国对环境保护要求的提高，以及高梯度磁分离器能够分离普通磁分离器不能分离的微米级弱磁性颗粒的优越性，该技术发展到环境保护方面。首先应用到煤脱硫。该技术应用于水处理方面，国外是在 70 年代初开始对其进行研究，国内是在 80 年代初开始对其进行研究。该技术不仅能够处理含磁性物质的废水，也可以分离污水中的非磁性物质；不仅可以处理重金属废水，也可以处理某些有机废水、含病毒废水及生活污水。磁性分离技术与现有处理技术相比，具有适应范围广、处理效率高、处理量大、速度快、占地少、能耗低、操作管理方便、自动化程度高等优点。因此，磁分离技术今天已经发展为一项很有希望的新技术，引起人们极大的兴趣和重视。

一般来说，理想的磁性分离载体应该具备以下几个条件：

① 具有比较高的比饱和磁化强度和低的剩余磁化强度。比饱和磁化强度大有利于提高磁性分离的可操作性，剩余磁化强度低可以避免使用过程中的磁性团聚，剩余磁化强度为零的磁性分离载体颗粒可以完全消除磁性团聚。

② 表面含有丰富的活性功能基团，易于亲和配基共价键合，载体粒度在可分离的条件下尽可能地小，以使其具有尽可能大的比表面积。

③ 具有较高的机械强度和化学稳定性，能够抵抗机械摩擦，耐酸碱腐蚀和微生物降解，无毒性泄露和污染等。

④ 制备工艺简单，价格便宜。

磁性分离载体使用最多的是无机磁性颗粒与有机高分子形成的复合材料。无机磁性颗粒的种类比较多，常用的有金属合金（Fe、Co、Ni）、氧化铁（$\gamma\text{-}Fe_2O_3 > Fe_3O_4$）、铁氧体（$CoFe_2O_4$）等。其中 Fe_3O_4 使用最多，容易在水中沉淀制备；亚铁盐溶液和高铁盐溶液在碱性溶液条件中共沉淀合成的 Fe_3O_4 纳米颗粒具有超顺磁性。

磁性载体的制备方法主要有共沉淀法、溶胶-凝胶法、共混包埋法等。目前，

制备磁性 Fe_3O_4 纳米颗粒方法的机理已研究得很透彻，归结起来一般分为两种：

① 采用二价和三价铁盐，通过一定条件下的反应得到磁性 Fe_3O_4 纳米颗粒。

② 采用三价铁盐，在一定条件下转变为三价的氢氧化物，最后通过烘干、煅烧等手段得到磁性 Fe_3O_4 纳米颗粒。

2.6.1 共沉淀法

共沉淀法是在包含两种或两种以上金属离子的可溶性盐溶液中，加入适当的沉淀剂，使金属离子均匀沉淀或结晶出来，再将沉淀物脱水或热分解而制得纳米微粉。共沉淀法有两种：一种是 Massart 水解法，即将一定摩尔比的三价铁盐与二价铁盐混合液直接加入到强碱性水溶液中，铁盐在强碱性水溶液中瞬间水解结晶形成磁性铁氧体纳米粒子；另一种为滴定水解法，即将稀碱溶液滴加到一定摩尔比的三价铁盐与二价铁盐混合溶液中，使混合液的 pH 值逐渐升高，当达到 $6\sim7$ 时水解生成磁性 Fe_3O_4 纳米粒子。共沉淀法是目前最普遍使用的方法，其反应原理是：

$$Fe^{2+} + Fe^{3+} + OH^- \longrightarrow Fe(OH)_2/Fe(OH)_3 (形成共沉淀) \qquad (2-1)$$

$$Fe(OH)_2 + Fe(OH)_3 \longrightarrow FeOOH + Fe_3O_4 (pH \leqslant 7.5) \qquad (2-2)$$

$$FeOOH + Fe^{2+} \longrightarrow Fe_3O_4 + H^+ (pH \geqslant 9.2) \qquad (2-3)$$

该法的原理虽然简单，但实际制备中还有许多复杂的中间反应和副产物：

$$Fe_3O_4 + 0.25O_2 + 4.5H_2O \longrightarrow 3Fe(OH)_3 \qquad (2-4)$$

$$2Fe_3O_4 + 0.5O_2 \longrightarrow 3Fe_2O_3 \qquad (2-5)$$

此外，溶液的浓度、$n Fe^{2+}/n Fe^{3+}$ 的比值、反应和熟化温度、溶液的 pH 值、洗涤方式等均对磁性微粒的粒径、形态、结构及性能有很大影响。Jiang 等用共沉淀法合成了窄分布的 Fe_3O_4 纳米粒子，并在其表面包覆了高分子，考察了其生物特性。Thapa 等利用简单而又具应用前景的沉淀法合成了 Fe_3O_4 纳米粒子，发现当粒子的粒径在 10nm 以下时饱和磁化强度得到了提高。共沉淀法的特点为产品纯度高、反应温度低、颗粒均匀、粒径小、分散性也好。但此法对于多组分来说，要求各组分具有相同或相近的水解或沉淀条件，因而工艺具有一定的局限性。

2.6.2 溶胶-凝胶法

溶胶-凝胶法（Sol-Gel）是日本科学家 Sugimoto 等在 20 世纪 90 年代发展起来的一种液相制备单分散金属氧化物颗粒的工艺。其基本原理是以高度浓缩的金属醇盐凝胶为基质，通过对其溶解-再结晶处理生长出高度单分散的金属氧化物颗粒。溶胶-凝胶法基本原理是将金属醇盐或无机盐经水解直接形成溶胶或经解凝形成溶胶，然后使溶质聚合凝胶化，再将凝胶干燥、焙烧去除有机成分，最后得到无机材料。溶胶-凝胶方法包括以下几个过程：水解、单体发生缩合和聚合反应形成颗粒、颗粒长大、颗粒团聚，随后在整个液相中形成网状结构，溶胶变稠形成凝胶。其中，控制溶胶凝胶化的主要参数有溶液的 pH 值、溶液浓度、反应温度和时间等。通过调节工艺条件，可以制备出粒径小、粒径分布窄的纳米微粒。

Tang 等在 300℃以溶胶-凝胶方法合成了具有纳米结构的磁性 Fe_3O_4 薄膜，且薄膜表面无一裂缝，在所加磁场为 0～1.9T 时，表现出磁光效应。Xu 等利用溶胶-凝胶法在真空退火的条件下合成磁性 Fe_3O_4 纳米粒子，磁性粒子的大小、饱和磁化强度以及矫顽力都随着合成温度的增加而增大，而且 Fe_3O_4 粒子的相态随着不同的反应温度和反应气氛而变化。此种方法能够比较严格地区分晶体结晶成核和生长两个阶段，避免晶粒在生长过程中的大量聚沉现象，从而获得高度单分散的纳米颗粒。但溶胶-凝胶法采用金属醇盐作为原料，致使成本偏高，且凝胶化过程缓慢，合成周期长。微乳液是由油、水、表面活性剂有时存在助表面活性剂组成的透明、各向同性、低黏度的热力学稳定体系，其中不溶于水的非极性物质作为分散介质，反应物水溶液为分散相，表面活性剂为乳化剂，形成油包水型（WO）或水包油型（OW）微乳液。这样反应空间仅限于微乳液滴这一微型反应器的内部，可有效避免颗粒之间的进一步团聚。因而得到的纳米粉体粒径分布窄、形态规则、分散性能好且大多为球形。同时，可通过控制微乳化液体中水的体积及各种反应物的浓度来控制成核、生长，以获得各种粒径的单分散纳米微粒。

Arturo M 等在 AOT-H_2O-n-Heptance 体系中，将含有 0.15mol/L $FeCl_2$ 和 0.3mol/L $FeCl_3$ 的微乳液与含有 NH_4OH 的微乳液混合，充分反应，产物离心分离后，用庚烷、丙酮洗涤并干燥得到粒径为 4nm 的 Fe_3O_4 纳米颗粒。该方法具有实验装置简单、操作方便、能耗低、应用领域广等优点，在合成磁性纳米铁及铁系金属和化合物方面得到了广泛的应用。但由于反应的温度低，因而得到的粒子的结晶性能较差，使得粒子的磁性质也受到影响。

水热法是在密闭高压釜内的高温、高压反应环境中，采用水作为反应介质，使通常难溶或不溶的前驱体溶解，从而使其反应结晶的一种方法。即提供了一个在常压条件下无法得到的特殊的物理化学环境，使前驱物在反应系统中得到充分的溶解，形成原子或分子生长基元，最后成核结晶，反应过程中还可进行重结晶。水热法制备粉体材料常采用固体粉末或新制的凝胶作为前驱物，所谓"溶解"是指在水热反应初期，前驱物微粒间的团聚和联结遭到破坏，致使微粒自身在水热介质中溶解，以离子和离子团的形式进入溶液，进而成核、结晶而形成晶粒。

水热条件下，水作为溶剂和矿化剂，同时还起到以下两个作用：

① 液态或气态水都是传递压力的媒介；

② 在高压下，绝大多数反应物均能部分溶解于水，促使反应在液相或者气相中进行。

水热法制备磁性纳米材料具有两个优点：

① 相对高的温度（130～250℃）有利于磁性能的提高；

② 在封闭容器中制备，产生相对高压（0.3～4MPa）环境，避免了组分挥发，有利于提高产物的纯度和保护环境。

Chen 等在氮气环境下将 $Fe(OMOE)_2$（甲氧基亚铁）于 MOE（甲氧乙醇）中回流 4h，然后在磁搅拌下加入一定量 MOE 与 H_2O 的混合溶液，得到的白色悬浮物在水热釜中反应得到了不同粒径的 Fe_3O_4 纳米颗粒。采用这种方法制备出的粒子具有纯度高、晶形好、大小可控、晶粒发育完整、可使用较为便宜的原料、易得到合适的化学计量物等优点。但是由于水热法要求使用耐高温和耐高压设备，因而在实际应用中受到一些影响，而且得到的粒子溶解性和分散性也比较差。

除了以上几种常见的制备方法外，人们还开发了一些制备 Fe_3O_4 的方法。如水解法、多元醇还原法、前驱体热分解法、溶剂热法等。由于上述方法对实验设备和制备条件方面的要求相对高一些，因而大多数也只停留在研究阶段。

2.6.3 共混包埋法

共混包埋法是最常使用的一种，它是将磁性超微颗粒均匀分散在亲水性高分子水溶液中，通过胶联、絮凝、雾化、脱水等手段使高分子包裹在磁性颗粒表面，形成核-壳结构的磁性聚合微球。可利用的天然高分子有蛋白质、脂质体、多糖、葡聚糖、琼脂糖和壳聚糖等，合成高分子聚乙二醇、聚乙烯亚胺、聚丙烯酰胺等，还有硅烷衍生物等。此法制备的磁性分离载体颗粒是通过范德华力、氢键、配位键或共价键等发生作用，优点是制备简单方便。

2.7 本章小结

本章主要介绍重金属废水传统处理化学法和物理化学法的原理与优缺点。重点介绍了生物吸附处理的生物吸附剂来源、类型、吸附机理、吸附过程、国内外重金属生物吸附研究进展以及人工制备生物基吸附剂研究进展与发展前景。此外，还重点介绍了磁性分离技术的特点及其应用领域。

参 考 文 献

[1] 张建梅. 重金属废水处理技术研究进展. 西安联合大学学报, 2003, 6 (19): 56-59.

[2] Crini, G. Non-conventional low-cost adsorbents for dye removal: a review. Bioresour. TechnoL, 2006, 97: 1061-1085.

[3] Prasanjit, B., Sumathi, S. Uptake of chromium by *Aspergillus foetidus*. J. Mater. Cycles Waste Manage., 2005, 7: 88-92.

[4] Cho, D. H., Kim, E. Y. Characterization of Pb^{2+} biosorption from aqueous solution by *Rhodotorula glutinis*. Bioproc Biosyst Eng., 2003, 25: 271-277.

[5] Tiemann, K. J., Gardea-Torresdey, J. L., Gamez, G., Dokken, K., Sias, S. Use of X-ray absorption

spectroscopy and esterification to investigate chromium （Ⅲ） and nickel （Ⅱ） ligand in *alfalfa* biomass. Environ Sci TechnoL，1999，33：150-154.

[6] Tsezos M. ， Volesky B. The Mechanism of uranium biosorption by *Rhizopus arrhizus*. Biotechnol Bioeng. ， 1982，24：385-40.

[7] Sharma，D. C. ， Foster，C. F. Column studies into the adsorption of chromium （Ⅵ） using sphagnum moss peat. Biores. TechnoL，1995，52：261-267.

[8] Li H. B. ， Dong X. L. ， Chen Y. S. ， et al. Mechanisms of metal sorption by bio-chars：Biochar characteristics and modifications [J]. Chemosphere，2017，178：466-478.

[9] Yan Y. Z. ， An Q. D. ， Xiao Z. Y. ， et al. Flexible core-shell/bead-like alginate@PEI with exceptional adsorption capacity，recycling performance toward batch and column sorption of Cr（Ⅵ） [J]. Chemical Engineering Journal，2017，313 （1）：475-486.

[10] Pathak A. ， Morrison L. ， Healy M. G. Catalytic potential of selected metal ions for bioleaching，and potential techno-economic and environmental issues：A critical review [J]. Bioresource Technology，2017，229：211-221.

[11] Ho S. H. ， Chen Y. D. ， Yang Z. K. ， et al. High-efficiency removal of lead from wastewater by biochar derived from anaerobic digestion sludge [J]. Bioresource Technology，2017，246：142-149.

[12] Cadogan E. I. ， Lee C. H. ， Popuri S. R. ， et al. Efficiencies of chitosan nanoparticles and crab shell particles in europium uptake from aqueous solutions through biosorption：Synthesis and characterization [J]. International Biodeterioration & Biodegradation，2014，95：232-240.

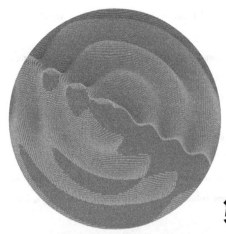

第3章

生物基吸附剂表征及性能分析

3.1 表征分析方法

3.1.1 FTIR分析

傅里叶变换红外光谱仪（Fourier transformin frared spectrometer，FTIR）是基于对干涉后的红外光进行傅里叶变换的原理而开发的红外光谱仪，主要由红外光源、光阑、干涉仪（分束器、动镜、定镜）、样品室、检测器以及各种红外反射镜、激光器、控制电路板和电源组成。傅里叶变换红外光谱仪可以对样品进行定性和定量分析，广泛应用于医药化工、地矿、石油、煤炭、环保、海关、宝石鉴定、刑侦鉴定等领域。

（1）基本原理

从光源辐射的红外光，经分束器形成两束光，分别经动镜、定镜反射后到达检测器并产生干涉现象。当动镜、定镜到检测器间的光程相等时，各种波长的红外光到达检测器时都具有相同相位而彼此加强。如改变动镜的位置，干光强度有极小值。当连续改变动镜的位置时，可在检测器上得到一个干涉强度对光程差和红外光频率的函数图。将样品放入光路中，样品吸收了其中某些频率的红外光，就会使干涉图的强度发生变化。很明显，这种干涉图包含了红外光谱的信息，但不是我们能看懂的红外光谱。经过电子计算机进行复杂的傅里叶变换，就能得到吸光度或透射率随频率（或波数）变化的普通红外光谱图。

（2）傅里叶变换红外吸收光谱的特点

1）测定速度快

一般获得 1 张红外光谱图需要 1s 或更短的时间，从而实现红外光谱仪与色谱仪的联用。

2) 灵敏度和信噪比高

由于无狭缝装置，因此输出能量无损失，灵敏度高。此外，可以利用计算机储存、累加功能，对红外光谱进行多次测定、多次累计，大大提高信噪比。同时进一步提高测定的灵敏度，其检出限可达 $10^{-9} \sim 10^{-12}$ g。

3) 分辨率高

波数精度可达 0.01cm^{-1}。

4) 测定的光谱范围宽

可测定的光谱波数范围为 10000~10cm^{-1}。

(3) 傅里叶变换红外吸收光谱的应用范围

对样品进行定性和定量分析，一般适合于有机物、无机物、聚合物、蛋白质二级结构、包裹体、微量样品的分析。此外，通过仪器配备的光谱谱库，可对未知物样品光谱可以进行谱库检索，对混合物样品可以进行剖析。广泛应用于医药化工、地矿、石油、煤炭、环保、海关、宝石鉴定、刑侦鉴定等领域。

3.1.2　RS 分析

拉曼光谱（Raman spectra，RS）是以印度物理学家拉曼（C. V. Raman）命名的一种散射光谱。1928 年拉曼和克利希南（K. S. Krishnan）在研究单色光在液体中散射时，不仅观察到与入射光频率相同的瑞利散射，而且还发现有强度很弱、与入射光频率不同的散射光谱。同年，苏联的曼迭利斯塔姆和兰兹贝尔格在石英的散射中也观察到了这一现象。这种新谱线对应于散射分子中能级的跃迁，为研究分子结构提供了一种重要手段，引起学术界极大兴趣，拉曼也因此荣获 1930 年的诺贝尔物理学奖。但由于拉曼光谱很弱，受当时光源和检测手段的限制，它的发展曾停滞了一段时期。19 世纪 60 年代激光技术的出现使拉曼光谱研究得以迅速发展，再加上近年来发展的高分辨率的单色仪和高灵敏度的光电检测系统，使拉曼光谱学进入崭新的阶段，应用领域遍及物理、化学、生物、医学等。利用各种类型的材料作为散射物质，几乎都可能得到相应的拉曼光谱。这种实验技术正日益显示其重要意义。

(1) 基本原理

拉曼光谱的原理是拉曼散射效应。拉曼散射是指当激发光的光子与作为散射中心的分子相互作用时，大部分光子只是发生改变方向的散射，而光的频率并没有改变，大约有占总散射光 $10^{-10} \sim 10^{-6}$ 的散射，不光改变了传播方向，也改变了频率。这种频率变化的散射就称为拉曼散射。对于拉曼散射来说，分子由基态 E_0 被激发至振动激发态 E_1，光子失去的能量与分子得到的能量相等为 ΔE，反映了指定能级的变化。因此，与之相对应的光子频率也是具有特征性的，根据光子频率变化就可以判断出分子中所含有的化学键或基团。

(2) 拉曼光谱的特点

拉曼光谱提供快速、简单、可重复且无损伤的定性定量分析，无需样品准备，样品可直接通过光纤探头或者通过玻璃、石英和光纤测量。

① 由于水的拉曼散射很微弱，拉曼光谱是研究水溶液中的生物样品和化学化合物的理想工具。

② 拉曼光谱一次可以同时覆盖 50～4000 波数的区间，可对有机物及无机物进行分析。相反，若让红外光谱覆盖相同的区间则必须改变光栅、光束分离器、滤波器和检测器。

③ 拉曼光谱谱峰清晰尖锐，更适合定量研究数据库搜索以及运用差异分析进行定性研究。在化学结构分析中，独立的拉曼区间的强度可以和功能集团的数量相关。

④ 激光束的直径在聚焦部位通常只有 0.2～2mm，常规拉曼光谱只需要少量的样品就可以得到。这是拉曼光谱相对常规红外光谱一个很大的优势。而且，拉曼显微镜物镜可将激光束进一步聚焦至 20μm 甚至更小，可分析更小面积的样品。

⑤ 共振拉曼效应可以用来有选择性地增强大生物分子发色基团的振动，这些发色基团的拉曼光强能被选择性地增强 1000～10000 倍。

3.1.3　SEM 分析

扫描电子显微镜（scanning electron microscope，SEM）是介于透射电镜和光学显微镜之间的一种微观形貌观察手段，可直接利用样品表面材料的物质性能进行微观成像。

(1) 基本原理

它是用一束极细的电子束扫描样品，在样品表面激发出次级电子，次级电子的多少与电子束入射角有关，即与样品的表面结构有关。次级电子由探测体收集，并被闪烁器转变为光信号，再经光电倍增管和放大器转变为电信号来控制荧光屏上电子束的强度，显示出与电子束同步的扫描图像。图像为立体形象，反映了标本的表面结构。为了使标本表面发射出次级电子，标本在固定、脱水后，要喷涂上一层重金属微粒，重金属在电子束的轰击下发出次级电子信号。

(2) 扫描电子显微镜的特点

① 仪器分辨本领较高。二次电子像分辨本领可达 1.0nm（场发射），3.0nm（钨灯丝）。

② 仪器放大倍数变化范围大（从几倍到几十万倍），且连续可调。

③ 图像景深大，立体感强。可直接观察起伏较大的粗糙表面（如金属和陶瓷

断口等）。

④ 试样制备简单。块状或粉末的试样不加处理或稍加处理，就可直接放到 SEM 中进行观察，比透射电子显微镜的制样简单。

⑤ 电子束对样品的损伤与污染程度较小。

⑥ 在观察形貌的同时，还可利用从样品发出的其他信号做微区成分分析。

3.1.4　TEM 分析

透射电子显微镜（transmission electron microscopy，TEM）是把经加速和聚集的电子束投射到非常薄的样品上，电子与样品中的原子碰撞而改变方向，从而产生立体角散射。散射角的大小与样品的密度、厚度相关，因此可以形成明暗不同的影像，影像将在放大、聚焦后在成像器件（如荧光屏、胶片，以及感光耦合组件）上显示出来。

（1）基本原理

透射电子显微镜的成像原理可分为 3 种情况：

1）吸收像

当电子射到质量、密度大的样品时，主要的成相作用是散射作用。样品上质量厚度大的地方对电子的散射角大，通过的电子较少，像的亮度较暗。早期的透射电子显微镜都是基于这种原理。

2）衍射像

电子束被样品衍射后，样品不同位置的衍射波振幅分布对应于样品中晶体各部分不同的衍射能力，当出现晶体缺陷时，缺陷部分的衍射能力与完整区域不同，从而使衍射波的振幅分布不均匀，反映出晶体缺陷的分布。

3）相位像

当样品薄至 10nm 以下时，电子可以穿过样品，波的振幅变化可以忽略，成像来自于相位的变化。

（2）透射电子显微镜的应用

透射电子显微镜在材料科学、生物学上应用较多。由于电子易散射或被物体吸收，故穿透力低，样品的密度、厚度等都会影响到最后的成像质量，必须制备更薄的超薄切片，通常为 50～100nm。所以用透射电子显微镜观察时的样品需要处理得很薄。常用的方法有超薄切片法、冷冻超薄切片法、冷冻蚀刻法、冷冻断裂法等。对于液体样品，通常是挂预处理过的铜网上进行观察。

3.1.5　XRD 分析

X 射线衍射（X-ray diffraction，XRD）是利用 X 射线在晶体中的衍射现象来获得衍射后 X 射线信号特征，经过处理得到衍射图谱。它是测定晶体结构的重要手段，应用极为广泛。

（1）基本原理

晶体是由空间排列得很有规律的微粒（离子、原子或分子）组成的。这些微粒在晶体内形成有规则的三维排列，称为晶格（又称点阵）。晶格中质点占据的位置称为结点，晶格中最小的重复单位称为晶胞。晶胞的大小和形状由晶胞在三维空间的 3 个向量 a、b、c（晶胞三个棱的长度）及它们之间的夹角 α、β、γ 共 6 个参数来表示。当 X 射线作用于晶体，与晶体中的电子发生作用后，再向各个方向发射 X 射线的现象，称为散射。由于晶体中大量原子散射的电磁波互相干涉和互相叠加而在某一方向得到加强或抵消的现象，称为射线衍射，其相应的方向称为衍射方向。

晶体衍射 X 射线的方向与构成晶体的晶胞的大小、形状及入射 X 射线的波长有关，衍射光的强度则与晶体内原子的类型及晶胞内原子的位置有关，因此从衍射光束的方向和强度来看，每种类型晶体都有自己的衍射图，可作为晶体定性分析和结构分析的依据。XRD 常用来测定晶体结构及进行固体样品的物相分析，同时还是研究化学成键和结构与性能关系等性质的重要手段。

（2）X 射线衍射仪主要部件

X 射线衍射仪主要部件包括 4 部分：

1）高稳定度 X 射线源

提供测量所需的 X 射线，改变 X 射线管阳极靶材质可以改变 X 射线的波长，调节阳极电压可控制 X 射线源的强度。

2）样品及其位置取向的调整机构系统

样品须是单晶、粉末、多晶或微晶的固体块。

3）射线检测器

检测衍射强度或同时检测衍射方向，通过仪器测量记录系统或计算机处理系统可以得到多晶衍射图谱数据。

4）衍射图的处理分析系统

现代 X 射线衍射仪都附带安装有专用衍射图处理分析软件的计算机系统，其特点是自动化和智能化。

3.1.6　XPS 分析

X 射线光电子能谱（X-ray photoelectron spectrum，XPS）在表面分析领域中是一种崭新的方法。虽然用 X 射线照射固体材料并测量由此引起的电子动能的分布早在 20 世纪初就有报道，但当时可达到的分辨率还不足以观测到光电子能谱上的实际光峰。直到 1958 年，以 Siegbahn 为首的一个瑞典研究小组首次观测到光峰现象，并发现此方法可以用来研究元素的种类及其化学状态，故取名化学分析光电子能谱（electron spectroscopy for chemical analysis，ESCA）。

(1) 基本原理

XPS 技术的测试原理是通过 X 射线在样品表面中进行照射，使 X 射线能够与材料表层中的原子进行作用，从而产生光子能量，当产生的光子能量超过核外电子中的结合能时，就会将原子中的内层电子进行激发，进而产生光电子。通过相应的检测仪器来对光电子的数量及动能进行检测，能够使 XPS 技术准确分析出样品表面中元素的含量及其化学状态。当材料中原子周边的化学环境改变时，原子中的内层电子所具备的结合能也会随之改变，这种现象又被称为化学位移，XPS 的测试原理正是利用这种化学位移现象来对材料表面元素的化学状态进行分析的。

(2) X 射线光电子能谱特点

在化学位移中能够通过 XPS 谱图进行显示，通过元素含量与灵敏度因子法之间的联系对谱峰面积进行分析，能够对样品进行定量分析。在光电离时，不仅会发射光电子，还能通过激发过程对俄歇电子进行发射，光电子与俄歇电子的不同之处是其入射光子能量和光电子的动能存在关系，而激发光子的能量则和俄歇电子的动能没有关系，它的值与双电荷终态离子和初始离子的能量差值相同。

3.2　吸附等温线模型

等温线是指在一定温度下液相的平衡吸附物浓度与固相的平衡吸附量之间的关系。通过等温线对平衡吸附数据进行建模，并研究等温线的吸附信息，例如吸附机理、最大吸附容量以及吸附剂的性质。

3.2.1　Langmuir 模型

Langmuir 吸附等温线模型是应用最为广泛的分子吸附模型。Langmuir 于 1916 年根据分子间力随距离的增加而迅速下降的事实，提出气体分子只有当碰撞固体表面与固体分子接触时，才有可能被吸附，即气体分子与表面相接触是吸附的先决条件。其理论要点如下：

(1) 单分子层吸附

不饱和力场范围相当于分子直径 $(2\sim3)\times10^{-10}\,\mathrm{m}$，只能单分子层吸附。

(2) 固体表面均匀

表面各处吸附能力相同，吸附热为常数，不随覆盖程度而变。

(3) 被吸分子相互间无作用力

吸附与解吸难易程度与周围是否有被吸附分子无关。

(4) 吸附平衡是动态平衡

气体碰撞到空白表面可被吸附，被吸附分子也可重回气相而解吸（或脱附）。

吸附速率与解吸速率相等，即达吸附平衡。

Langmuir 吸附等温线模型基于以下假设：所有吸附位点均相等活跃，表面在能量上均一，并且形成了单层表面覆盖，被吸附分子之间没有任何相互作用。此外，在没有吸附剂与被吸附物相互作用的情况下，所有吸附位点都有一个自由能变化。Langmuir 吸附等温线模型的表达式见式(3-1) 及式(3-2)。

$$\frac{C_e}{q_e} = \frac{C_e}{q_m} + \frac{1}{K_L q_m} \tag{3-1}$$

$$R_L = \frac{1}{1 + K_L C_0} \tag{3-2}$$

式中　C_e——平衡浓度，mg/L；

　　　C_0——初始浓度，mg/L；

　　　q_e——吸附达到平衡时的平衡吸附量，mg/g；

　　　q_m——吸附达到平衡时的最大吸附量，mg/g；

　　　K_L——Langmuir 吸附等温线模型中与结合位点相关的常数，L/mg；

　　　R_L——无量纲常数。

当 $R_L > 1$ 时，不利于吸附反应进行；当 $0 < R_L < 1$ 时，有利于吸附进行；当 $R_L = 1$ 时为线性吸附；当 $R_L = 0$ 时则为不可逆吸附。

3.2.2　Freundlich 模型

Freundlich 吸附等温线模型通常用于表面不规则的吸附剂，吸附能力可随着重金属离子浓度的增加而增强，即吸附剂与被吸附的重金属离子之间的相互作用可以作为吸附的驱动力。Freundlich 吸附等温线模型见式(3-3)。

$$\log q_e = \log K_F + \frac{1}{n} \log C_e \tag{3-3}$$

式中　K_F——与吸附能力和强度相关的常数，L/g；

　　　n——溶液浓度与吸附量之间的非线性程度。

当 $n = 1$ 时，吸附反应呈线性；当 $n < 1$ 时，吸附过程为化学吸附；当 $n > 1$ 时，吸附过程为物理吸附，反应极易发生。n 的值越接近 0，说明吸附剂表面越不均匀。

3.2.3　Temkin 模型

Temkin 吸附等温线模型假定随着吸附量的增加，吸附热量呈线性下降，并计算出在整个表面结合吸附位点上均匀的结合能分布。Temkin 等温线模型也适用于拟合实验数据，并由式(3-4) 表示。

$$q_e = \frac{RT}{b_T} \ln A_T + \frac{RT}{b_T} \ln C_e \tag{3-4}$$

$$B = RT/b_T$$

式中　b_T——与吸附热有关的 Temkin 常数，J/mol；

　　　A_T——Temkin 等温线平衡结合常数，L/g；

　　　R——气体常数，8.3145J/(mol·K)；

　　　T——温度，K。

3.2.4　Sips 模型

Sips 吸附等温线模型是 Langmuir 吸附等温线模型的改进型，引入参数 γ，应用范围更广，其表达式见式(3-5)。

$$q_e = q_{max} \frac{(K_s C_e)^{\gamma}}{1 + (K_s C_e)^{\gamma}} \tag{3-5}$$

式中　q_{max}——最大吸附容量，mg/g；

　　　K_s——与结合位点亲和力有关的 Langmuir 常数，L/mg；

　　　γ——异质性因子，无量纲。

3.3　吸附动力学分析

3.3.1　准一阶动力学

在废水处理中，研究吸附动力学具有重要意义，通过吸附量与吸附时间之间的关系可知吸附过程的快慢和达到吸附平衡所用的时间，为分析吸附反应机理和评价吸附剂的效率提供了重要依据，使用最广泛的研究模型是准一阶和准二阶动力学模型。

Lagergren 提出的准一阶动力学模型适用于吸附过程的初始阶段，而不是整个吸附过程，并可用于可逆反应，这表明在液相和固相之间达到平衡。该方程的线性表达式见式(3-6)。

$$\log(q_e - q_t) = \log q_e - \frac{k_1}{2.303} t \tag{3-6}$$

式中　q_e——吸附达到平衡时的平衡吸附量，mg/g；

　　　q_t——t 时刻的吸附量，mg/g；

　　　k_1——准一阶吸附速率常数，min^{-1}。

3.3.2　准二阶动力学

准二阶动力学模型适用于吸附过程的任何阶段，并认为化学吸附是反应速率控制步骤，吸附位点的占据率与游离位点之间存在直接关系，该方程的线性表达式见式(3-7)。

$$\frac{t}{q_t} = \frac{1}{k_2 q_e^2} + \frac{t}{q_e} \tag{3-7}$$

式中 k_2——准二阶吸附速率常数，g/(mg·min)。

3.4 吸附容量与去除率计算

在批量吸附实验中，加入一定量的吸附剂，使其完成吸附过程，吸附后经 5000r/min 的离心机离心 15min，将得到的上清液用 $0.22\mu m$ 的水系滤膜过滤，最后使用原子吸收分光光度计测定溶液中残留 Pb^{2+} 浓度，所有实验设 3 个平行样，最后取平均值。生物吸附容量 q_e（mg/g）和去除率 R（%）的计算见式(3-8)和式(3-9)：

$$q_e = \frac{(C_0 - C_e) \times V}{W} \tag{3-8}$$

$$R = \frac{C_0 - C_e}{C_0} \times 100 \tag{3-9}$$

式中 C_0——起始 Pb^{2+} 浓度，mg/L；

$\quad\ \ C_e$——反应平衡时 Pb^{2+} 浓度，mg/L；

$\quad\ \ V$——反应溶液体积，L；

$\quad\ \ W$——干吸附剂质量，g。

3.5 本章小结

本章主要介绍了重金属生物吸附剂制备、吸附机理和性能分析表征中常用的技术及原理：FTIR、RS、SEM、TEM、XRD 和 XPS 分析。重点介绍了重金属生物吸附的热力学及动力学常见的几种吸附等温线模型：Langmuir、Freundlich、Temkin 和 Sips 模型，以及准一阶动力学和准二阶动力学模型，并对几种模型的适用条件进行了介绍。

参 考 文 献

[1] 刘约权. 现代仪器分析. 第 3 版 [M]. 北京：高等教育出版社，2015.

[2] 中本一雄，黄德如. 无机和配位化合物的红外和拉曼光谱 [M]. 北京：化学工业出版社，1986.

[3] 凌妍，钟娇丽，唐晓山，等. 扫描电子显微镜的工作原理及应用 [J]. 山东化工，2018，47（09）：78-79，83.

[4] 杨槐馨，李俊，张颖，等. 现代透射电子显微技术在多铁材料研究中的应用. 物理 [J]，2014，43（02）：48-52.

[5] 王振杰. 浅谈材料表面研究中 XPS 测试原理的应用 [J]. 农家参谋，2017（24）：237.

［6］　Saima Batool，Muhammad Idrees，Qaiser Hussain，et al. Adsorption of copper(Ⅱ) by using derived-far-myard and poultry manure biochars: efficiency and mechanism [J]. Chemical Physics Letters，2017，689: 190-198.

［7］　Mohamed Y. Abdelnaeim，Iman Y. El Sherif，Amina A. Attia，et al. Impact of chemical activation on the adsorption performance of common reed towards Cu(Ⅱ) and Cd(Ⅱ) [J]. International Journal of Mineral Processing，2016，157: 80-88.

［8］　Mohamad Rasool Malekbala，Moonis Ali Khan，Soraya Hosseini，et al. Adsorption/desorption of cationic dye on surfactant modified mesoporous carbon coated monolith: Equilibrium，kinetic and thermodynamic studies [J]. Journal of Industrial and Engineering Chemistry，2015，21: 369-377.

［9］　Kaihui Huang. Catalysis mechanism and kinetic equation of ammonia on double promoted iron catalysis [J]. Science in China，Ser. A，1981（06）: 800-812.

［10］　Xia Jing，Gao Yanxin，Yu Gang. Tetracycline removal from aqueous solution using zirconium-based metal-organic frameworks (Zr-MOFs) with different pore size and topology: Adsorption isotherm，kinetic and mechanism studies [J]. Journal of Colloid And Interface Science，2021，590: 495-505.

［11］　M. T. Amin，A. A. Alazba，M. Shafiq. Application of biochar derived from date palm biomass for removal of lead and copper ions in a batch reactor: kinetics and isotherm scrutiny [J]. Chemical Physics Letters，2019，722: 64-73.

［12］　Changwei Xiao，Xijian Liu，Shimin Mao，et al. Sub-micron-sized polyethylenimine-modified polystyrene Fe_3O_4 chitosan magnetic composites for the efficient and recyclable adsorption of Cu(Ⅱ) ions [J]. Applied Surface Science，2017，394: 378-385.

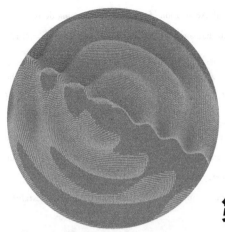

第4章

生物填充技术在处理含铬废水中的应用

目前水体重金属污染的问题已经引起了世界各国的注意。重金属对环境破坏性污染主要是因为一些企业大量排放含重金属的工业废水所致。这些企业主要指电镀、矿山、冶炼、电解、农药、医药、涂料、颜料等行业。由于环境中的重金属不能够被自然降解，所以会在生态系统中的食物链内积累，最终危及自然界中的生物体，包括人类的健康。

铬是一种耐腐蚀的硬金属，自18世纪发现该元素以来，铬及其化合物已经在工业生产上广为应用。随着工业的发展，含铬粉尘和废水的排放量日益增长，尤其是在发现六价铬和三价铬均可能有致癌作用后，铬已成为最引人注目的环境污染物之一。

在工业废水中铬主要以六价价态存在。铬污染的防治包括工艺改革、"三废"处理、土地改良、植物净化等综合防治措施。在生产工艺中，应在不影响产品质量的条件下，尽量采取无毒、低毒物质。如在电镀、染色作业中，可用铬酸锌或铬酸铅代替铬酸钠或铬酸钾。在六价铬的控制中，最常用的方法是先将六价铬还原为三价铬，随后使三价铬生成氢氧化物沉淀。为达到日趋严格的排放标准，一些工业部门已经倾向于采用离子交换来处理铬酸盐和铬酸废水。对于高浓度铬酸盐和铬酸废水，蒸发回收已被证明是一种在技术和经济上可行的污染控制方法。其他方法，如溶剂萃取法、液膜法电化学和活性炭吸附技术也日益受到人们的关注。然而这些处理铬酸盐和铬酸废水的技术方法还是存在许多不足，如操作成本高，产生化学毒性污泥，易造成二次污染，尤其是当溶液中六价铬离子浓度较低的情况下（1～100mg/L），处理效果不是很理想。随着水体污染的日益加剧，在当前的处理技术还不足以满足要求的情况下，开发成本低廉、切实可行的重金属环境污染处理技术是当务之急。

生物吸附剂的出现无疑为科研工作者提供了一个不错的选择。对重金属离子污染的水体，很多科研工作者已经开发出了相应的化学、物理或物理化学的治理方法。如何降低这些污染防治技术的成本，扩大应用范围是当前解决环保与生产、环境与发展的矛盾所在。与常规的方法相比，生物吸附作为治理重金属污染的一项新技术，具有以下优点：在低浓度下，可以选择性地去除某种重金属离子；处理效率高，不引起二次污染；pH 值和温度范围宽；易于分离回收重金属。为了使重金属生物吸附技术推广应用，必须考虑以下一些因素：生物吸附剂应易于得到，制造成本低；提高生物吸附剂吸附重金属的效率；吸附剂后处理及重金属回收。在完善这些方面研究工作的基础上，相信重金属生物吸附技术在工业上的应用将具有广阔的前景。

综上所述，本实验分别采用不同的载体对科恩根霉的活菌体和死菌体进行固定化，并采用填充柱方法来吸附、去除和回收六价铬。以期望解决降低成本、重复利用以及吸附后吸附剂的分离和金属回收等问题。

4.1　实验材料

4.1.1　材料

科恩根霉菌体：将菌种接种于培养基中进行扩培，温度为 28℃，摇床转速为 120r/min，培养 3～5d。所获菌体一部分用于活菌体吸附实验，一部分用于死菌体吸附实验。

死菌体制备如下：用孔径为 0.150mm 的筛子收集扩培后的菌体，用去离子水洗净残余培养基，将收获菌体于高压蒸汽（1.51×10^7Pa，121℃）下灭菌 10min，于 60℃ 恒温箱中干燥至恒重，然后机械粉碎并用标准筛分选粒径在 0.45～1.0mm 的颗粒保存到干燥箱中，备用。

4.1.2　固定化载体

固定化载体活菌体：木屑和聚亚胺酯泡沫。

死菌体：海藻酸钠和聚亚胺酯泡沫。

4.2　实验方法

4.2.1　吸附剂吸附性能实验

用移液管定量吸取已知金属离子浓度的溶液于 250mL 锥形瓶中，加入定量的吸附剂，在磁力搅拌器或空气浴振荡器中，在 28℃，120r/min 下进行吸附实验。吸附完成后，样品离心（4000r/min，10min）分离，测定吸附前后溶液中金属离子浓度的变化。本研究所有水平实验均做 3 个平行实验，测量结果取其平均值。将 0.5g 自由活菌体、死菌体、固定化菌体以及载体的所有材料均按上述方法进行 Cr(Ⅵ) 吸附实验，Cr(Ⅵ) 溶液的初始浓度为 500mg/L，工作体积为 100mL，检验各自的吸附性能。

4.2.2 吸附剂预处理实验

将 0.5g（干重）的各种吸附剂分别浸泡 100mL，1mol/L HCl，HNO$_3$，NaOH，NH$_4$OH，NaCl 和 Na$_2$CO$_3$ 溶液中 1h，然后用去离子水洗 3 次，最后用于 Cr(Ⅵ) 吸附实验，选择处理效果较好的作为最佳预处理剂。

4.2.3 等温吸附实验

将经过预处理的 4 种固定化吸附剂分别称取 0.6g，分别投加到初始浓度为 10mg/L，40mg/L，100mg/L，200mg/L，300mg/L，500mg/L，1000mg/L 的 Cr(Ⅵ) 溶液中，按既定时间取样，测量分析方法参照二苯碳酰二肼分光光度法。

测定方法如下：波长为 540nm，用分光光度计测定。显色剂的配制方法如下。

1）（1+1）硫酸

将浓硫酸（$p=1.84$g/mL）加入同体积水中，混匀。

2）（1+1）磷酸

将磷酸（$p=1.69$g/mL）与等体积水混合。

3）0.2% 二苯碳酰二肼显色剂

称取二苯碳酰二肼 0.2g，溶于 50mL 丙酮中，加水稀释至 100mL，摇匀。贮存于棕色试剂瓶内置于 4℃ 冰箱保存，色深后不能使用（一般保质期为 1 个月左右）。

4.2.4 菌体固定方法

（1）活菌体固定方法

活菌体采用吸附固定化的方法来固定。

1）木屑吸附固定菌体

将木屑用水洗净，用 5% NaOH 溶液煮沸 30min，然后用蒸馏水洗至中性；高压蒸汽（1.51×10^7Pa，121℃）灭菌 30min；将经过预处理的木屑加入含 50mL 培养基的 250mL 锥形瓶中，接种一定量的科恩根霉，培养条件与吸附剂吸附性能实验相同；培养结束后滤出木屑，用生理盐水洗净，即得木屑吸附固定化活菌体，备用。

　　2）聚亚胺酯泡沫吸附固定菌体

　　将聚亚胺酯泡沫切成 3mm×3mm×3mm 的小块，用 5％的 HCl 浸泡 24h，水洗至中性；再用 5％ NaOH 溶液浸泡 24h，水洗至中性；高压蒸汽（151×10⁷Pa，121℃）灭菌 30min；将经过预处理的聚亚胺酯泡沫小块加入含 50mL 培养基的 250mL 锥形瓶中，接种一定量的科恩根霉，培养条件与吸附剂吸附性能实验相同；培养结束后滤出聚亚胺酯泡沫小块，用生理盐水洗去未吸附牢的微生物细胞，即得聚亚胺酯泡沫小块吸附固定化活菌体，备用。

　　（2）死菌体固定化方法

　　1）海藻酸钙包埋法固定菌体

　　首先将海藻酸钠加热溶于水，冷却；将海藻酸钠溶液与吸附剂预处理实验中制备的死菌体混合均匀，使海藻酸钠最终浓度为 2％～3％；将上述混合液用针形管滴入 5％～10％的 CaCl₂ 溶液中，放置 2～4h，滤出颗粒，用生理盐水洗净，备用。

　　2）聚亚胺酯泡沫固定菌体

　　具体参照 Alhakawati 等的方法。将 15g 海藻酸钠和 0.978g 碳酸氢钠充分混合后加入聚醚-85，然后将混合物溶解在浓冰醋酸酸化的蒸馏水中，此过程使用机械剪切混合器将混合物剧烈搅拌 20～30s，之后将生成的生物泡沫静置并固化 2～3min，将其切成均匀的圆柱形切片，并置于通风橱中 24h 以促进溶剂流失。最后将制成泡沫生物质/聚合物基质切成均匀的立方体（长度约 4～5mm），备用。

4.2.5　填充柱吸附实验

　　将上述 4 种固定化的菌体分别填充到内径 1.96cm，高 15cm，容积约 45mL 的玻璃柱内。填充原则为填充至柱高 12cm，并且要尽量充实。利用恒流泵供液，吸附实验采用上流的方式，解吸附实验采用下流的方式。流速为 1.5mL/min，每 6min 取一次样测量分析结果。填充柱实验流程示意如图 4-1 所示。

　　吸附实验开始前首先供应去离子水 2h，进行填充材料的清洗；然后供应 1mol/L HCl 溶液，进行填充材料的预处理；最后供应浓度为 50mg/L，pH 值为 1.0 的 Cr（Ⅵ）溶液，直至吸附柱内吸附达到饱和，即出液 Cr（Ⅵ）浓度等于进液 Cr（Ⅵ）的浓度。记录用液体积等相关数据。

4.2.6　吸附剂解吸附实验

　　将上述吸附饱和的柱子用去离子水清洗，洗去游离的未被吸附的 Cr（Ⅵ），然后分别供应 0.1mol/L NaOH、NaAC、NaCO₃、NaCl 和 NaNO₃ 溶液，用来进行被吸附 Cr（Ⅵ）的解吸附实验，以最终确定一种解吸效果最好的溶液。吸附剂的再

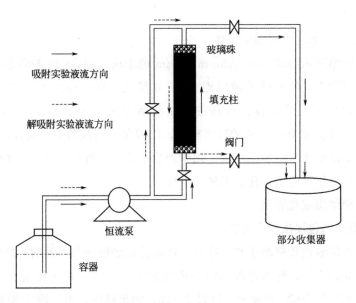

图 4-1　填充柱实验流程示意

生主要采用 0.1 mol/L 的 HCl 溶液，被排出的溶液利用部分收集器进行取样测量分析。

4.3　结果与讨论

4.3.1　吸附剂吸附性能评定

对自由的活菌体、死菌体、固定化的菌体以及包括载体在内的所有材料进行吸附性能的摇瓶实验。自由菌体、固定化菌体和载体的吸附性能比较如表 4-1 所示。

表 4-1　自由菌体、固定化菌体和载体的吸附性能比较

载体	载体浓度/%	机械强度	平衡吸附量 q_e/(mg/g)	去除率/%
活菌体	—	—	84.23	99.04
木屑固定活菌体	40	差	94.06	95.90
木屑	40	—	15.35	21.4
聚亚胺酯固定活菌体	20	一般	90.42	91.2
聚亚胺酯	20	—	10.59	10.27
死菌体	—	—	92.83	99.98
海藻酸钙固定死菌体	2.5	好	98.51	99.60
海藻酸钙	2.5	好	22.58	30.12
聚亚胺酯固定死菌体	20	一般	94.78	98.70
聚亚胺酯	20	—	10.59	13.56

注：分批实验条件为：初始浓度＝500mg/L，工作容积＝100mL，pH＝1，转速＝120r/min，T＝28℃±0.5℃；饱和吸附实验条件为：初始浓度＝1000mg/L，t＝6h（吸附饱和），其他条件同上。

从表 4-1 中能够得出结论，科恩根霉在 Cr(Ⅵ) 的吸附过程中起着主要作用。吸附能力由强到弱依次为：海藻酸钙固定死菌体＞聚亚胺酯固定死菌体＞木屑固定活菌体＞死菌体＞聚亚胺酯固定活菌体＞活菌体＞海藻酸钙＞木屑＞聚亚胺酯。尽管自由菌体的吸附量也比较高，但因其存在吸附后分离难、不能够重复利用等缺点，而且自由菌体填充吸附柱，在吸附的过程中容易因其自身吸水膨胀而导致吸附柱堵塞，所以本实验采用固定后的菌体填充柱进行 Cr(Ⅵ) 的吸附。

4.3.2　预处理对六价铬去除的影响

为了增强吸附剂对 Cr(Ⅵ) 的吸附能力，进而提高其对 Cr(Ⅵ) 的去除效率，本实验在吸附之前分别对吸附剂进行预处理的摇瓶实验，预处理溶液为 HCl，HNO_3，NaOH，NH_4OH，NaCl 和 Na_2CO_3 六种溶液，预处理对 Cr(Ⅵ) 的去除率的影响如图 4-2 所示。

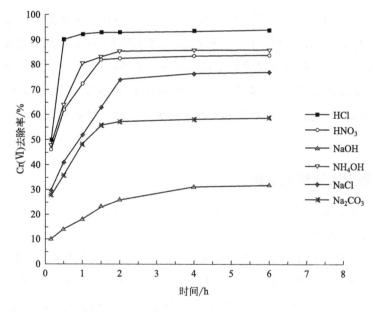

图 4-2　预处理对 Cr(Ⅵ) 的去除率的影响

从图 4-2 中可以明显看出 HCl 的预处理效果最好，仅在 10min 内就能够去除水体中 50％的 Cr(Ⅵ)，30min 时去除率达 90％以上。其他的预处理溶液虽然也能够去除 80％左右的 Cr(Ⅵ)，但所花费的时间就相对比较多。所以 1mol/L HCl 被选为最佳的预处理剂。填充柱在进行吸附 Cr(Ⅵ) 之前要进行 1mol/L HCl 的预处理实验，被设定为实验组，而未经预处理的作为对照组。1mol/L HCl 预处理对 Cr(Ⅵ) 去除率的影响如图 4-3 所示。

从图 4-3(a) 中能够看出，对照组和实验组六价铬的去除率明显不同。吸附剂经过 1mol/L HCl 预处理后，木屑和聚亚胺酯固定的活菌体六价铬去除效率分别明

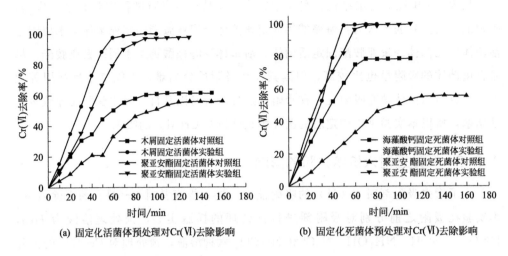

(a) 固定化活菌体预处理对Cr(Ⅵ)去除影响　　(b) 固定化死菌体预处理对Cr(Ⅵ)去除影响

图 4-3　1mol/L HCl 预处理对 Cr(Ⅵ) 去除率的影响

显地增加了 38％和 44％。同样的变化也发生在海藻酸钙和聚亚胺酯固定的死菌体上，如图 4-3(b) 所示，分别为 21％和 44％，对比图 4-3 中实验组和对照组不难看出，达到最大去除效率的时间缩短了近 30min。主要原因是经过 HCl 处理后，吸附剂表面的杂质被清除，更多的阳离子吸附位点裸露出来，增加了阴离子如 $Cr_2O_7^{2-}$ 被吸附的机会，所以更多的阴离子被吸附，同时达到最大去除效率的时间大大地缩短。

4.3.3　等温吸附实验结果

Langmuir 吸附等温线模型主要是用来描述固液相中金属离子分布情况和单层吸附。基于以下假设：

① 固体具有吸附能力是因为吸附剂表面的原子场力没有饱和，有剩余价力；

② 吸附热与表面覆盖无关，即吸附热是一个常数，这就暗示了吸附剂表面是均匀的，吸附分子间无相互作用，吸附是单分子层的，吸附过程不受覆盖率分数 θ 的变化而变化。

Langmuir 吸附等温线模型方程的表达方式见式(3-1)～式(3-3)。Langmuir 常数 Q 和 b 分别为饱和单层吸附能力和吸附平衡常数，C_e 和 q_e 分别是平衡时金属离子浓度和单位质量吸附剂所吸附金属离子的量。将实验所获得数据用来绘制 C_e/q_e 对 C_e 的直线，不同载体固定活菌体、死菌体吸附 Cr(Ⅵ) 的 Langmuir 吸附等温线如图 4-4 所示。

从图中相对应直线的斜率和纵轴截距可以获得相关参数，对其进行线性回归分析可得到相关数据，固定化菌体吸附 Cr(Ⅵ) 的 Langmuir 吸附等温线模型参数如表 4-2 所示。

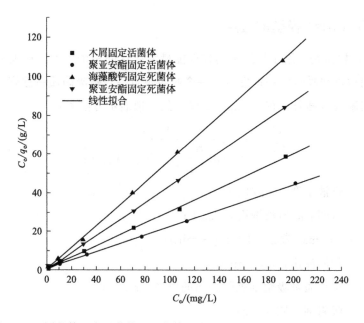

图 4-4 不同载体固定活菌体、死菌体吸附 Cr(Ⅵ) 的 Langmuir 吸附等温线

表 4-2 固定化菌体吸附 Cr(Ⅵ) 的 Langmuir 吸附等温线模型参数

参数	活菌体固定化		死菌体固定化	
	木屑	聚亚胺酯	海藻酸盐	聚亚胺酯
r^2	0.998	0.998	0.998	0.998
SD	0.62938	0.43704	0.82285	0.4563
回归方程	$y=0.298x+0.472$	$y=0.216x+0.845$	$y=0.562x+0.267$	$y=0.432x+0.117$
b	0.6314	0.2556	2.105	2.3148
Q	3.3557	4.630	1.7794	3.6923
R_L	0.32	0.458	0.2107	0.1047

　　表 4-2 中线性相关系数 r^2 均在 0.99 以上，表明 Langmuir 吸附等温线模型很好地描述了本研究中的 4 种固定化吸附剂对 Cr(Ⅵ) 的生物吸附过程。SD 为标准差。表中参数 Q 和 b 能够用来描述吸附剂和吸附质之间的亲和力，无纲量分离因子 R_L 按公式（3-3）计算。用 R_L 来判断吸附剂和吸附质之间亲和力的强弱，Langmuir 吸附等温线评价标准如表 4-3 所示。

表 4-3 Langmuir 吸附等温线评价标准

分离因子 R_L	吸附等温线性质	分离因子 R_L	吸附等温线性质
$R_L>1$	不适宜	$0<R_L<1$	适宜
$R_L=1$	线性	$R_L=0$	不可逆

　　表 4-3 中的计算结果为 4 种吸附剂的 R_L 均在 0~1 之间，表明本研究所用吸附剂适宜与 Cr(Ⅵ) 的吸附。

4.3.4　Thomas 模型的应用

Thomas 模型是应用于描述吸附柱性能最为广泛的一个模型。该模型认为在吸附质和吸附位点间吸附均一地发生，一个吸附位点一旦被吸附质占据则吸附不再发生，而且吸附没有轴向分布。Thomas 模型的一般表示方法为：

$$\frac{C}{C_0} = \frac{1}{1 + \exp\left[\dfrac{K_T}{Q}(q_0 W - C_0 V_{out})\right]} \tag{4-1}$$

式中　C_0——进液浓度，mg/L；

　　　C——时间 t 的出液浓度，mg/L；

　　K_T——Thomas 常数，L/(mg·min)；

　　　Q——供液流速，mL/min；

　　q_0——单位质量吸附剂吸附金属的质量，mg/g；

　　　W——吸附剂的质量，g；

　V_{out}——排出液的体积，L。

公式(4-1)还可以转换成线性方程 (4-2) 的形式：

$$\ln\left(\frac{C_0}{C} - 1\right) = \frac{K_T q_0 W}{Q} - \frac{K_T C_0}{Q} V_{out} \tag{4-2}$$

因为 $V_{out}/Q = t$，所以公式(4-2) 可以写成公式(4-3) 形式：

$$\ln\left(\frac{C_0}{C} - 1\right) = K(\tau - t) \tag{4-3}$$

由于 $t = q_0 w/V_{out} C_0$，$k = K_T C_0$，所以根据公式(4-3) 可以作 $\ln[(C_0/C) - 1]$ 对时间 t 的直线，借助统计学软件 Origin 7.0，将实验数据输入，不同载体固定菌体填充柱吸附 Cr(Ⅵ) 的 Thomas 模型如图 4-5 所示。

因此，在已定初始浓度和流速的情况下，动力学参数 K_T 和 q_0 能够根据直线的斜率和截距计算，不同载体固定菌体的填充柱吸附 Cr(Ⅵ) 的 Thomas 模型方程和参数如表 4-4 所示。

表 4-4　不同载体固定菌体的填充柱吸附 Cr(Ⅵ) 的 Thomas 模型方程和参数

吸附剂	回归方程	K_T/[L/(min·mg)]	r^2	T/min	q_0/(mg/g)
聚亚胺酯固定活菌体	$\ln(C_0/C - 1) = 33.04 - 0.014t$	0.28×10^3	0.9976	2360	88.5
聚亚胺酯固定死菌体	$\ln(C_0/C - 1) = 34.86 - 0.013t$	0.27×10^3	0.9974	2582	96.83
木屑固定活菌体	$\ln(C_0/C - 1) = 42.69 - 0.015t$	0.3×10^3	0.9979	2846	85.38
海藻酸盐固定死菌体	$\ln(C_0/C - 1) = 55.59 - 0.012t$	0.25×10^3	0.9987	4447	104.23

表中数据 r^2 表明 Thomas 模型能够很好地拟合本研究的实验数据，q_0 值（见表 4-4）与分批实验所得 q_0 值（见表 4-1）基本一致。这也同时说明该模型能够应

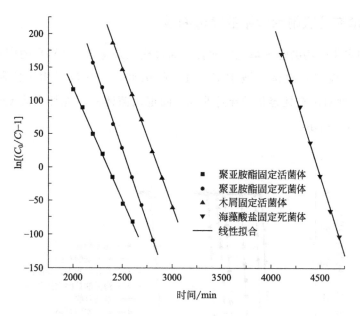

图 4-5　不同载体固定菌体填充柱吸附 Cr(Ⅵ) 的 Thomas 模型

用于本实验填充柱吸附去除水体中 Cr(Ⅵ) 的研究。而且当 C 等于 $C_0/2$ 时，k_T 和 t 已知，Thomas 模型能够用来建立完全穿透曲线，同时预测出液的浓度-时间图形。而且填充柱的最大吸附能力也能够被检测出来。Thomas 模型计算结果和实验结果穿透曲线如图 4-6 所示。

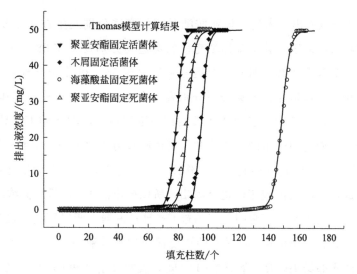

图 4-6　Thomas 模型计算结果和实验结果穿透曲线

从图 4-6 可以看出计算结果与实验结果基本一致，标准离差小于 4%。这进一步表明 Thomas 模型能够应用于本实验填充柱吸附去除水体中 Cr(Ⅵ) 的研究，同时验证了 Juang 等的结论，该模型能够很好地描述吸附柱的性能。

4.3.5 填充柱吸附六价铬的穿透曲线

对于固定化生物吸附剂填充柱而言，通过横流泵将含 Cr(Ⅵ) 的废水通过吸附柱，每 30min 检测一次排出液中 Cr(Ⅵ) 的浓度，实验数据用来绘制排出液中 Cr(Ⅵ) 的浓度对填充柱容积的穿透曲线，固定化菌体的填充柱吸附 Cr(Ⅵ) 的穿透曲线如图 4-7 所示。

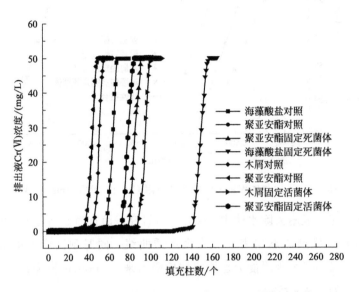

图 4-7　固定化菌体的填充柱吸附 Cr(Ⅵ) 的穿透曲线

从图 4-7 可以看出，木屑和聚亚胺酯对照的穿透分别发生在 43、36 个填充柱容积处，其相对应的固定化活菌体填充柱的穿透则分别发生在 88、71 个填充柱容积处。海藻酸盐和聚亚胺酯对照的穿透分别发生在 56、36 个填充柱容积处，其相对应的固定化死菌体填充柱的穿透则分别发生在 140、79 个填充柱容积处。因此，从上述结果可以得出结论，三种载体虽然在一定程度上能够吸附 Cr(Ⅵ)，但吸附能力相对较低，而它们固定的活菌体和死菌体则吸附能力很强，说明科恩根霉菌体吸附在 Cr(Ⅵ) 的去除过程中起着主要作用。在穿透点之前，因为填充柱内质量传送区正在形成，即溶质由液相传送至固相，所以排出液中 Cr(Ⅵ) 的浓度一直为 0。直至穿透点时，吸附剂所有吸附位点均被 Cr(Ⅵ) 占据，所以穿透点之后，穿透曲线迅速升高，并且排出液中 Cr(Ⅵ) 的浓度很快达到进液中 Cr(Ⅵ) 的浓度。这证实了本研究的实验结果，R_L 介于 0～1 之间，表明吸附剂和 Cr(Ⅵ) 之间的亲和力很强，进一步地证明本研究所采用的吸附剂用于废水中 Cr(Ⅵ) 的去除是可行的。

4.3.6 吸附剂的再生和重复利用

吸附剂的解吸附和再生是评价该技术是否具备应用潜力的关键。本实验对解吸附剂的选择进行了优化，5 种解吸附剂解吸附结果如图 4-8。

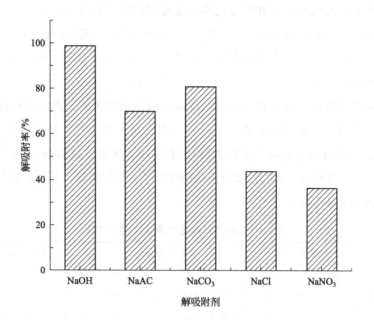

图 4-8　5 种解吸附剂解吸附结果

图 4-8 中表明 5 种解吸附剂都能够在一定程度上将被吸附的 Cr(Ⅵ) 解吸出来，但 0.1mol/L NaOH 溶液解吸附效果最好，达到 98% 以上，因此它被选为最佳解吸附剂。

利用 0.1mol/L NaOH 溶液对吸附饱和的填充柱进行 Cr(Ⅵ) 的解吸附研究，实验数据用来绘制解吸附液 Cr(Ⅵ) 浓度对填充柱体积曲线如图 4-9 所示。

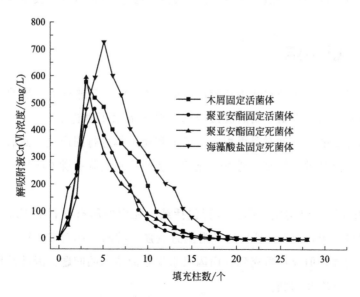

图 4-9　解吸附液 Cr(Ⅵ) 浓度对填充柱体积曲线

从图 4-9 可知，木屑和聚亚胺酯固定活菌体的解吸附完成发生在 25 个和 22 个填充柱体积处，而海藻酸盐和聚亚胺酯固定死菌体的解吸附完成发生在 26 和 25 个填充柱体积处。解吸附液中 Cr(Ⅵ) 的浓度分别达到 579mg/L、479mg/L、728mg/L 和 596mg/L。分别回收 Cr(Ⅵ) 173.4mg、152.4mg、171.9mg 和 297mg，回收率分别为 87.6%、95.4%、96.7% 和 94.3%。

解吸附后的吸附剂能否再次被利用取决于吸附剂的再生。本实验对其进行了细致的研究。填充柱在解吸附完成以后，首先供去离子水清洗，然后供给 0.1mol/L HCl 溶液，最后再供应去离子水以去除残留的 HCl 溶液。这样新生的吸附剂就可以用于 Cr(Ⅵ) 的吸附。5 次连续吸附-解吸附-再生重复实验，5 次循环再生利用填充柱的性能如表 4-5 所示。

表 4-5 5 次循环再生利用填充柱的性能

循环次数	最大吸附量/mg				解吸附量/mg				解吸附率/%			
	1*	2*	3*	4*	1*	2*	3*	4*	1*	2*	3*	4*
1	198.0	159.8	177.8	315.0	173.4	152.4	171.9	297.0	87.6	95.4	96.7	94.3
2	195.8	158.6	175.5	312.6	169.2	151.0	168.5	295.4	86.4	95.2	96.0	94.5
3	194.1	155.3	173.9	310.1	166.3	147.2	165.4	289.0	85.7	94.8	95.1	93.2
4	193.4	154.0	172.1	308.8	164.2	146.3	162.8	286.6	84.9	95.0	94.6	92.8
5	191.9	153.8	171.8	307.0	163.1	148.0	160.5	280.6	85.0	96.2	93.4	91.4

注：1*、2*、3*、4* 分别代表木屑、聚亚胺酯固定活菌体和聚亚胺酯、海藻酸盐固定死菌体。

由表 4-5 可知，吸附剂对 Cr(Ⅵ) 的吸附和解吸附是一个可逆的过程。经过再生后，吸附剂对 Cr(Ⅵ) 的吸附效率、解吸附效率没有明显的减弱。因而该研究展现出了实际应用的潜在价值，为以后的商业应用提供科学依据与技术支撑。

4.4 本章小结

本章针对重金属污染水体中比较严重的 Cr(Ⅵ) 污染进行了系统的微生物吸附法研究。为游离菌体吸附金属后固液分离的难题提供了理论上的支持。利用木屑、聚亚胺酯和海藻酸盐分别对科恩根霉活菌体和死菌体进行固定化，然后填充到玻璃柱内，利用恒流泵供含铬废水通过填充柱，从而达到吸附去除 Cr(Ⅵ) 的目的。实验结果表明：

① 吸附性能测定实验表明，尽管包括载体在内的所有材料对 Cr(Ⅵ) 都有吸附能力，但科恩根霉对 Cr(Ⅵ) 的吸附能力最强。游离菌体对 Cr(Ⅵ) 的吸附能力比固定化后的强，但存在填充到柱内因吸水膨胀而堵塞的问题。因此采用固定化菌体填充柱能够解决此问题。

② 6 种预处理溶液中，1mol/L HCl 的处理效果最佳。经过预处理后 4 种吸附

剂对 Cr(Ⅵ) 的去除能力都有所增加，而且达到最大去除效率的时间都有所减少。

③ Langmuir 吸附等温线模型和 Thomas 模型都能够很好地描述本实验吸附过程。而且根据 Thomas 模型计算出的 q_0 值与分批实验所得 q_0 值基本一致。

④ 填充柱吸附 Cr(Ⅵ) 的穿透曲线及计算所得的分离因子 R_L 介于 0～1 之间都表明吸附剂和 Cr(Ⅵ) 之间有着很强的亲和力。

⑤ 0.1mol/L NaOH 溶液的解吸附效果最好，解吸附率达到 98% 以上。0.1mol/L HCl 溶液能够使吸附剂得以再生，并且经过 5 个循环后，吸附剂对 Cr(Ⅵ) 的吸附效率、解吸附效率都没有明显的减弱。

该项技术经过不断的改进和完善，可以将 2 个甚至多个柱子串联起来进行含铬废水包括其他重金属废水的吸附处理，容易实现自动化操作，具有广阔的应用前景。

参 考 文 献

[1] 汪大翚，徐新华，宋爽. 工业废水中专项污染物处理手册. 北京：化学工业出版社，2000.

[2] 陈桂秋. 褐腐菌吸附剂去除水体重金属的应用基础研究：[D]. 长沙：湖南大学，2006.

[3] 国家环保总局. 水和废水分析检测方法（第四版）. 北京：中国环境出版社，2002.

[4] 王建龙. 生物固定化技术与水污染控制. 北京：科学技术出版社，2002.

[5] Alhakawati, M. S., Banks, CJ. Removal of copper from aqueous solution by *Ascophyllum nodosum* immobilised in hydrophilic polyurethane foam. J. Environ. Manage. 2004，72（4）：195-204.

[6] Abu Al-Rub, F. A., Kandah, M., Al-Dabaybeh, N. Nickel removal from aqueous solutions using sheep manure wastes. Eng. Life Sci. 2002，2：111-116.

[7] Juang, R. S., Kao, H. C., Chen, W. Column removal of Ni(Ⅱ) from synthetic electroplating waste water using a strong-acid resin. Sep. Purif. TechnoL，2006，49：36-42.

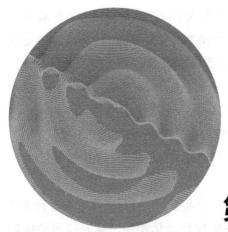

第5章

磁性分离技术在生物吸附处理含铬废水中的应用

金属污染物广泛存在于环境之中，其中重金属铬是主要的金属污染物之一。我国工业废水中六价铬的排放量尽管近些年来总体呈下降的趋势，但是由于对该类污染物的处理技术相对落后，污染情况仍然不容乐观。

由于铬在工业上被广泛使用，同时又缺乏对工业过程中铬副产品和铬废物的充分处置，因此对城市和其他的生态体系造成的环境污染问题还相当严重。在我国，国家环境保护总局把含铬污染物列为重点治理的对象，铬的排放标准分别是总铬低于 1.5mg/L、Cr(Ⅵ) 低于 0.5mg/L（第一类污染物最高允许排放浓度 (GB 8978—1996)。传统处理含铬废水的方法都需昂贵的操作成本，而且有的会产生有毒的化学污泥而对环境造成二次污染。近年来，随着世界各国对环境问题的日益重视，均频频出台更为严格的排放标准。因此，为了完善或者取代传统的处理技术，对其他可供选择的、可行的处理方法也进行了大量的研究，其中受污染的水体和土壤中的 Cr(Ⅵ) 还原成 Cr(Ⅲ) 的反应受到相当地重视，其原因是该反应可以通过不同的催化途径，减少或消除由 Cr(Ⅵ) 污染而引起对水生生物和人类健康的威胁，而微生物还原 Cr(Ⅵ) 的技术则是一种富有潜力的、创新的研究。但目前对阴离子的生物吸附研究在国内外的报道还非常少。

近年来发展起来的处理工业污染废水的新技术——生物吸附技术为环境工作者提供了一个不错的选择。该技术以各种生物（自然界的生物体或其死亡体）吸附废水中的重金属离子。它具有吸附容量大、选择性强、效率高、消耗少，并能有效地处理含低浓度重金属离子废水的优点。然而，对于活体生物，如微生物，由于其作用时间长、反应效率低，又使其应用得到了很大的限制。虽然生物吸附技术在理论上展现出了优越的潜能，但还存在着许多急需改进的地方来加以实现商业化应用。一个现实的问题就是分离的问题，即生物吸附剂吸附重金属后，固液相分离回收重金属尤其是稀有贵重金属的问题。一直以来还没有被改进解决或者说改进的还不够完善，不够理想。

本研究将生物吸附与磁性分离技术有机结合起来处理含铬废水，以期实现吸附后固液快速分离，在处理成本和实际操作上都有着商业应用的潜能。

5.1　实验材料

5.1.1　材料

实验所用材料与 4.1.1 中所述相同。

5.1.2　包埋剂

本实验利用海藻酸钠和聚乙烯醇作为制备磁性生物吸附剂的包埋剂。

5.2　实验方法

5.2.1　磁性 Fe_3O_4 粒子合成

Fe_3O_4 磁性粒子合成参照 Wang 等的方法：分别称取 4.9708g $FeCl_2 \cdot 4H_2O$ 和 6.4888g $FeCl_3$ 超声溶解在 50mL 和 80mL 去离子水中，制备 0.5mol/L $FeCl_2$ 和 $FeCl_3$ 的贮备液。量取 35mL $FeCl_3$ 和 20mL $FeCl_2$ 溶液倒入 250mL 三口瓶中，加热至 80℃，通氮气 10min。1600r/min 搅拌，同时迅速向三口瓶中加入 25% 的浓氨水（pH9）9mL，溶液变成黑色。15min 后再加 2mL 浓氨水（pH11）到三口瓶中，1600r/min 搅拌 15min。反应完毕后用永久磁铁分离出黑色固体，去离子水洗涤 3～5 次，得到粒径为 20nm 左右的 Fe_3O_4 纳米粒子。加水配制成 Fe_3O_4 含量为 7mg/mL 的磁流体，备用。

5.2.2　Fe_3O_4 粒子磁性测定

Fe_3O_4 粒子的剩磁和矫顽磁性经振动样品磁强计测定，Fe_3O_4 粒子形貌特征的测定利用透射电子显微镜。

5.2.3　生物功能磁珠制备

生物功能磁珠的制备采用包埋法，即利用海藻酸钠和聚乙烯醇作为包埋剂将磁性纳米颗粒和微生物吸附剂（科恩根霉）一起包埋其中，形成稳定的微球。具体方法如下：将 6.0g 粉末状科恩根霉、5.0g 聚乙烯醇（浸泡过夜）、1.0g 海藻酸钠和 1.0mL 磁性纳米颗粒贮存液加去离子水补充至终体积为 100mL 后充分混匀，微波（1300W）反复加热约 15min 至溶解。然后用恒流泵或注射器将此混合液滴加到饱和硼酸和 5% 的氯化钙溶液中。液滴迅速形成直径约 2.0mm 的多孔凝胶颗粒，然后利用一外加磁场将合成的生物功能磁珠沉淀下来，去掉上清液，并添加饱和硼酸和 5% 的氯化钙溶液于 4℃，4~6h 完成后续凝胶过程。最后将此磁珠在 4℃ 保存于去离子水中，备用。

5.2.4 生物功能磁珠性能测定

生物功能磁珠性能的测定分别在强酸、强碱、高低温以及抗剪切力的条件下进行测定。

5.2.5 溶液配制

（1）铬标准贮备液的配制方法

准确称取 2.829g 重铬酸钾（基准，120℃ 干燥 2h），用双蒸水溶解后，转入 1000mL 容量瓶中，用水稀释至标线，摇匀。此溶液浓度为 1000mg/L（于棕色试剂瓶内避光保存），本试验所用铬溶液均由稀释贮备液得到。

（2）显色剂的配制方法

1）（1+1）硫酸

将浓硫酸（$p=1.84g/mL$）加入同体积水中，混匀。

2）（1+1）磷酸

将磷酸（$p=1.69g/mL$）与等体积水混合。

3）0.2% 二苯碳酰二肼显色剂

称取二苯碳酰二肼 0.2g，溶于 50mL 丙酮中，加水稀释至 100mL，摇匀。贮存于棕色试剂瓶内置于 4℃ 冰箱保存，色深后不能使用（一般保质期为 1 个月左右）。

（3）标准曲线的绘制

铬标准溶液的配制：吸取 0.1mL 铬标准贮备液（1000mg/L）于 100mL 容量瓶中，用双蒸水稀释至标线，摇匀。此溶液浓度为 1mg/L，使用当天配制。取 12.5mL 比色管 9 支，分别加入取标准液 0、0.25mL、0.5mL、1.0mL、2.5mL、5.0mL、7.5mL、10.0mL、12.5mL，加双蒸水稀释至标线。每管加入（1+1）硫酸 0.125mL，（1+1）磷酸 0.125mL，显色剂 0.5mL 摇匀，静置 10min，于 540nm 可见光，玻璃比色皿（光程 1cm），测定其吸光值如表 5-1 所示。

表 5-1　不同铬离子浓度下的吸光值

浓度/(mg/L)	0.02	0.04	0.08	0.2	0.4	0.6	0.8	1.0
吸光度	0.016	0.032	0.053	0.013	0.244	0.372	0.489	0.609

运用 Origin 7.0 作图软件分析得到标准曲线如图 5-1 所示。

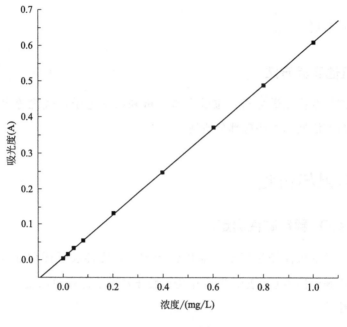

图 5-1　标准曲线

线性拟合方程如下：

$$y = ax + b$$

得 $a = 0.00497$，$b = 0.60544$，$R^2 = 0.998$。此方程可作为后续 Cr(Ⅵ) 测定的标准方程。

5.2.6　铬的吸附实验

本实验使用 Cr(Ⅵ) 初始浓度为 40mg/L，吸附剂为 1.0g/L，温度为 28℃，搅拌速率为 100r/min 进行吸附实验。吸附平衡后，样品离心（4000r/min，10min）分离，测定吸附前后溶液中金属离子浓度的变化。所有水平实验均做 3 个平行实验，测量结果取其平均值。后续磁性分离实验采用外加磁场进行分离。

5.2.7　共存离子对生物功能磁珠吸附六价铬的影响

分别在 Cr(Ⅵ) 溶液中添加 Cl^-、NO_3^-、SO_4^{2-}、Cu^{2+} 和 Ni^{2+} 以及它们 2 种或 3 种的混合离子，使终浓度为分别为 0.1mol/L，然后加入生物功能磁珠。本实验 Cr(Ⅵ) 初始浓度为 40mg/L，吸附剂为 1.0g/L，温度为 28℃，搅拌速率为

100r/min。

5.2.8 铬的分析方法

Cr(Ⅵ) 的分析方法参照二苯碳酰二肼分光光度法同 4.2.3，总铬的分析方法用原子吸收光谱仪直接测定总铬浓度，每 2 组数据均用一组标准曲线，经校对得出本试验的校正系数 $\rho = \dfrac{32}{36}$。

5.2.9 其他实验方法

傅里叶红外变换光谱分析、拉曼光谱分析和扫描电子显微镜等生物样品的制备、表征分析方法同 3.1 相应部分所述。

5.3 结果与讨论

5.3.1 Fe₃O₄ 颗粒磁性测定

Fe_3O_4 粒子的磁性经过振动样品磁强计测定，磁性粒子磁化曲线如图 5-2 所示。剩磁和矫顽磁性为 0，表明 Fe_3O_4 磁性粒子没有磁滞现象出现，同时说明该粒子具有永磁性质。

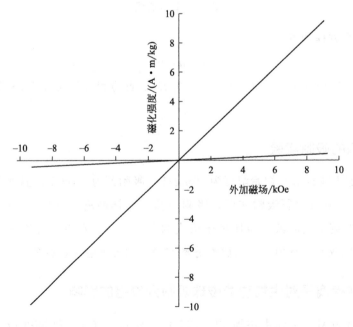

图 5-2 Fe₃O₄ 磁性粒子磁化曲线

从图 5-2 中显示磁滞回线呈一直线，表明该粒子的磁化率恒定不受外部磁场强度的影响。因此，当外部磁场去掉以后，Fe_3O_4 粒子磁性自动消失，从而生物功能磁珠也不会发生自聚现象。后续实验证实了这一结果。

Watson 和 Cressey 文章报道，粒径小于 30nm 的磁性粒子具备永久磁性。本实验制备的 Fe_3O_4 磁性粒子粒径约为 20nm，进一步证明该粒子具备永久磁性。该磁性粒子透射电子显微镜图如图 5-3 所示。

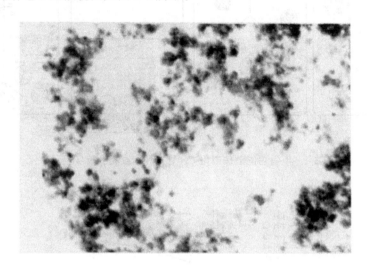

图 5-3　Fe_3O_4 磁性粒子透射电子显微镜图

5.3.2　生物功能磁珠的性能

生物功能磁珠性能的检测实验分别在 pH 值为 0～12 的溶液中，搅拌转速为 200r/min 的条件下，磁珠的形状、机械强度在 96h 内均保持完好。磁珠在温度范围为 0～50℃，96h 内保持完好。经过 5 次循环利用后，磁珠无 Fe_3O_4 颗粒的泄露。说明本研究制备的生物功能磁珠性能稳定，初步认定可进行实验目的研究。

5.3.3　吸附工艺流程

本实验生物功能磁珠吸附 Cr(Ⅵ) 和固液相分离实验示意如图 5-4 所示。

5.3.4　pH 值对生物功能磁珠吸附六价铬的影响

pH 值对生物功能磁珠吸附 Cr(Ⅵ) 的影响如图 5-5 所示。

从图 5-5 可以看到，pH 值变化从 0～10 对 Cr(Ⅵ) 的去除影响非常明显，在 pH 值为 1 和 2 的条件下 Cr(Ⅵ) 几乎全被吸附去除，但 pH 值为 2 时，全部去除 Cr(Ⅵ) 所需时间要比 pH 值为 1 时长 8h，而后者仅需 4h 即可完成。因此，本实验得出结论：酸性溶液有利于 Cr(Ⅵ) 的去除，随着溶液 pH 值的降低，Cr(Ⅵ) 的去除率逐渐升高。这与 Donghee 和 Li 等的研究结果相一致。

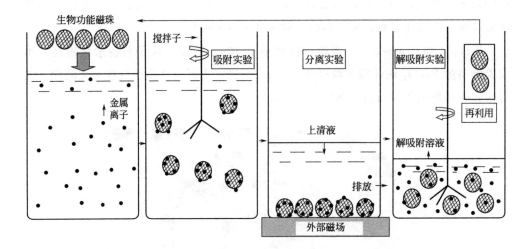

图 5-4　生物功能磁珠吸附 Cr(Ⅵ) 和固液相分离实验示意

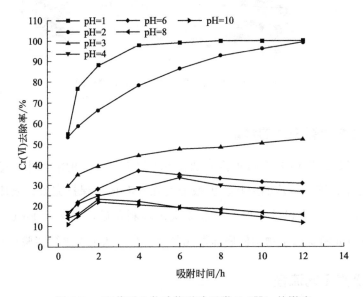

图 5-5　pH 值对生物功能磁珠吸附 Cr(Ⅵ) 的影响

5.3.5　温度对生物功能磁珠吸附六价铬的影响

温度对生物功能磁珠吸附 Cr(Ⅵ) 影响不明显，结果如图 5-6 所示。

5.3.6　共存离子对生物功能磁珠吸附六价铬的影响

考虑到实际废水中含有许多除目标金属离子的其他离子，本实验还模拟实际废水，研究了共存离子对生物功能磁珠吸附 Cr(Ⅵ) 的影响，其结果如图 5-7 所示。

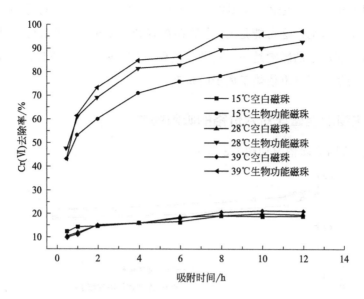

图 5-6　温度对生物功能磁珠吸附 Cr(Ⅵ) 的影响

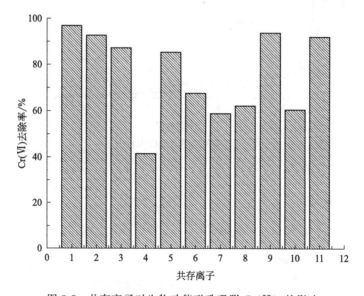

图 5-7　共存离子对生物功能磁珠吸附 Cr(Ⅵ) 的影响

$1-Cr_2O_7^{2-}$；$2-Cl^-+Cr_2O_7^{2-}$；$3-NO_3^-+Cr_2O_7^{2-}$；$4-SO_4^{2-}+Cr_2O_7^{2-}$；$5-Cl^-+NO_3^-+Cr_2O_7^{2-}$；

$6-Cl^-+SO_4^{2-}+Cr_2O_7^{2-}$；$7-NO_3^-+SO_4^{2-}+Cr_2O_7^{2-}$；$8-Cl^-+NO_3^-+SO_4^{2-}+Cr_2O_7^{2-}$；

$9-Cu^{2+}+Cr_2O_7^{2-}$；$10-Ni^{2+}+Cr_2O_7^{2-}$；$11-Cu^{2+}+Ni^{2+}+Cr_2O_7^{2-}$

　　从图 5-7 可以看到，无论是单一的还是混合的一价阴离子对 Cr(Ⅵ) 的吸附影响不明显，Cr(Ⅵ) 的去除率依然保持在 90% 以上，如图中 2、3、5 所示。而二价阴离子包括与一价阴离子的混合液对其影响较为明显，Cr(Ⅵ) 的去除率明显下降，如图中 4、6、7、8 所示。二价阳离子对 Cr(Ⅵ) 吸附的影响则不同。Cu^{2+} 对 Cr(Ⅵ) 的吸附几乎没有影响，如图中 9 所示。但 Ni^{2+} 的存在却明显地影响了生物功能磁珠对 Cr(Ⅵ) 的吸附,如图中 10 所示。当 Cu²⁺ 和 Ni²⁺ 同时存在,Cr(Ⅵ) 的去除几乎不被影响。这可能是 Cu²⁺ 的存在有利于 Cr(Ⅵ) 的去除。共存离子对生物吸附重金属离子的影响是一个复杂的过程,共存离子竞争不仅依赖于共存离子和目标离子的量,而且也依赖于离子的价态。

5.3.7　生物功能磁珠对六价铬的吸附能力

Cr(Ⅵ) 吸附去除情况如图 5-8 所示。

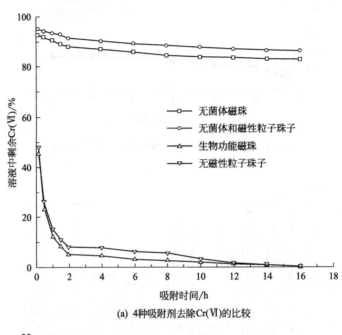

(a) 4种吸附剂去除Cr(Ⅵ)的比较

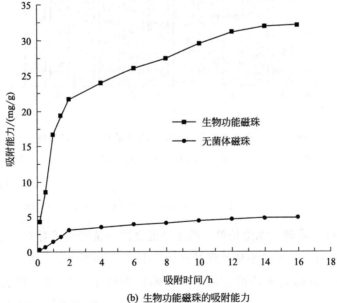

(b) 生物功能磁珠的吸附能力

图 5-8　Cr(Ⅵ) 吸附去除情况

从图 5-8(a) 可以看出：无菌体磁珠和对照珠子（即无菌体和磁性粒子的珠子）只能吸附溶液中少量的 Cr(Ⅵ)，接近 85％的 Cr(Ⅵ) 仍然不能够被去除而保留在溶液中，与之相对的是生物功能磁珠和无磁性粒子的生物功能珠子在初始的 30min 内能够去除溶液中 77％的 Cr(Ⅵ)，仅剩余约 23％的 Cr(Ⅵ) 残留在溶液中。1h 后仅有 12％的 Cr(Ⅵ) 没有被去除。经过 12h，Cr(Ⅵ) 几乎全部被去除。由此可以初步得出结论，科恩根霉菌体在 Cr(Ⅵ) 的去除过程中起着至关重要的作用。

生物功能磁珠的吸附能力可以根据公式(3-8) 计算，计算结果如图 5-8（b）所示，生物功能磁珠的吸附能力约为 32mg/g，而不含菌体磁珠的吸附能力不足 5.0mg/g。这进一步说明了菌体在 Cr(Ⅵ) 的吸附过程中是必需的。通过对照实验结果分析，尽管载体和磁性粒子在一定程度上都有吸附 Cr(Ⅵ) 的能力，但是吸附能力都很小，而且没有磁性粒子的珠子在后续分离工作中是非常困难的。因此，生物功能磁珠被证明在处理含铬废水中是可行的。

5.3.8　铬生物吸附的特性

在 Cr(Ⅵ) 的生物吸附过程中，Cr 被吸附的形式主要有两种形式：多数以 Cr(Ⅵ) 的形式直接被吸附，但同时还发生部分 Cr(Ⅵ) 的氧化还原反应，使得这部分 Cr(Ⅵ) 被还原成 Cr(Ⅲ)。本实验也验证了这一结论，生物功能磁珠吸附 Cr 的特性如图 5-9 所示。

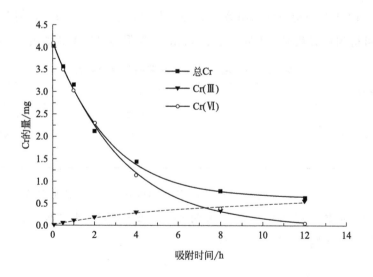

图 5-9　生物功能磁珠吸附 Cr 的特性

经过 12h 吸附后，溶液中 Cr(Ⅵ) 近为 0，但总 Cr 的量约为 0.6mg。而 Cr 只有 Cr(Ⅲ) 和 Cr(Ⅵ) 两种价态，所以溶液中的 Cr 应该为 Cr(Ⅲ)，即约有 0.6mg 约 15％的 Cr(Ⅵ) 被生物功能磁珠还原为 Cr(Ⅲ)。

5.3.9 Langmuir 吸附等温线

Langmuir 吸附等温线模型用来描述 Cr(Ⅵ) 的吸附过程。根据 Langmuir 方程分别作 3 种温度下的 C_e/q_e 对 C_e 的直线，不同温度的 Langmuir 吸附等温线如图 5-10 所示。

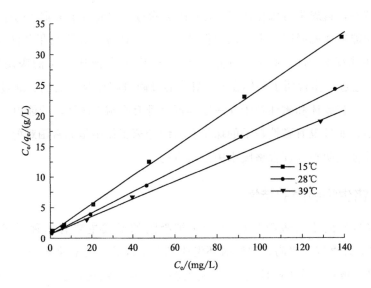

图 5-10 不同温度的 Langmuir 吸附等温线

从图 5-10 中相对应直线的斜率和纵轴截距可以获得相关参数，对其进行线性回归分析可得到相关数据，不同温度 Langmuir 吸附等温线参数如表 5-2 所示。

表 5-2 不同温度 Langmuir 吸附等温线参数

温度/℃	Q_{max}/(mg/g)	K_L/(L/mg)	r^2
15	29.42	0.034	0.9984
28	32.79	0.0305	0.9996
39	33.05	0.0303	0.9978

从表 5-2 中可知，随着温度的升高，生物功能磁珠的吸附能力逐步升高。3 种温度下的相关系数均在 0.99 以上，说明 Langmuir 吸附等温线模型能够被用来描述生物功能磁珠吸附 Cr(Ⅵ) 的过程。

5.3.10 吸附动力学

Lagergren 提出的模型已经被 Lee 等用来描述重金属吸附的动力学过程。Yan 和 Viraraghavan 已经对该模型进行了描述，Lagergren 模型的线性方程如下：

$$\log(q_e - q_t) = \log(q_e) - \frac{K_L}{2.3}t \tag{5-1}$$

式中　q_t——在时间 t 时被吸附金属离子的量，mg/g；

　　　q_e——平衡时被吸附金属离子的量，mg/g；

　　K_L——Lagergren 模型的吸附速率常数，h^{-1}。

实验数据被用来绘制 $\log(q_e-q_t)$ 对时间 t 的直线图，动力学曲线如图 5-11 所示。利用 Origin7.0 软件对动力学数据进行线性回归分析，结果显示线性方程为 $Y=-0.00191X+0.1947$，$R^2=0.96$，表明该实验动力学过程能够被 Lagergren 模型较好地描述和拟合。

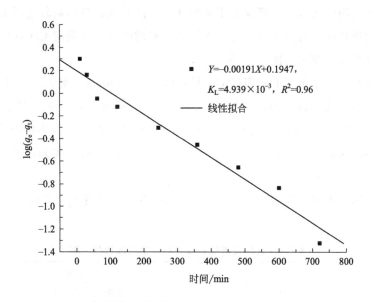

图 5-11　生物功能磁珠吸附 Cr(Ⅵ) 的 Lagergren 动力学曲线

5.3.11　生物功能磁珠吸附六价铬后的解吸附和重复利用

解吸附实验仍然采用 0.1mol/L NaOH 溶液，5 个循环以后生物功能磁珠的吸附能力和解吸附能力都没有显著降低，Cr(Ⅵ) 的回收率从第一个循环的 98.1% 到第 5 个循环的 96.2%，仅降低了 1.9%。具体结果如表 5-3 所示。

表 5-3　5 个循环生物功能磁珠吸附和解吸附 Cr(Ⅵ) 的能力

次数	吸附量/mg	解吸附量/mg	回收率/%
1	6.72	6.59	98.1
2	6.56	6.41	97.7
3	6.53	6.36	97.4
4	6.48	6.23	97.0
5	6.32	6.08	96.2

碱性溶液有利于 Cr(Ⅵ) 的解吸附可以用 pH 值体系进行解释，本研究最优的吸附条件是在强酸的条件下进行，即 pH 值为 1，酸可以使得吸附剂的表面杂质被

清除掉，从而使更多的吸附位点露出来，有利于离子与功能基团的结合而提高吸附效率。反之，碱性条件会阻碍 Cr(Ⅵ) 吸附的进行，而有利于 Cr(Ⅵ) 的解吸附过程进行。Bai 和 Abraham 也对 Cr(Ⅵ) 的解吸附进行了相关的研究，其结论与本研究的基本一致。

5.3.12　傅里叶变换红外光谱分析

目前，关于重金属生物吸附机理的研究还相对较少，这也阻碍了此技术在废水处理领域中应用的进程。本研究利用傅里叶变换红外光谱技术对其进行了相应的研究。生物功能磁珠与对照珠子（即不含科恩根霉的磁珠）在吸附 Cr(Ⅵ) 前后和解吸附后的红外光谱变化如图 5-12 所示。

在图 5-12(a) 中可以看到吸附 Cr(Ⅵ) 以后在 $2350cm^{-1}$ 处出现一个明显的吸收峰，相比吸附前，在 $3410cm^{-1}$ 处和 $1640cm^{-1}$ 处的吸收峰发生了迁移。而经过解吸附后，$2350cm^{-1}$ 处的吸收峰消失了。在对照实验中，这样的情况没有发生，即生物功能磁珠吸附 Cr(Ⅵ) 以后，没有出现 $2350cm^{-1}$ 的吸收峰，如图 5-12(b) 中所示。

对于不同吸收峰所代表的功能基团，表 5-4 列出了红外光谱吸收峰与相应功能基团的关系。

表 5-4　红外光谱吸收峰与相应功能基团的关系

红外峰数	频率/cm^{-1}	对应基团
1	3410	羟基；—NH 拉伸
2	3020	—C=CH$_2$
3	2920	C—H 拉伸
4	2350	质子化的氨基：$>$NH$_2^+$；$>$NH$^+$；$>$C=NH$^+$—
5	1650	C=O 螯合拉伸；氨基化合物 Ⅰ
6	1490	芬芳化合物中的—N=N—
7	1200	=C—O—C=；=S
8	1080	C=O 拉伸；脂肪化合物中的 N—H
9	879	=C—O—C=

从表 5-4 中可知，$2350cm^{-1}$ 为质子化的氨基，如：$>$NH^{2+}，$>$NH$^+$，$>$C=NH$^+$—。因此，可以推断 Cr(Ⅵ) 的吸附是质子化的氨基在起主要作用。

5.3.13　拉曼光谱分析

生物功能磁珠在吸附 Cr(Ⅵ) 前后和解吸附后的拉曼光谱变化如图 5-13 所示。

经过比较 3 种情况，可以看到生物功能磁珠在吸附了 Cr(Ⅵ) 以后，在约 $2907cm^{-1}$ 处出现一个明显的吸收峰。相比吸附 Cr(Ⅵ) 前，由于 Cr(Ⅵ) 的吸收使

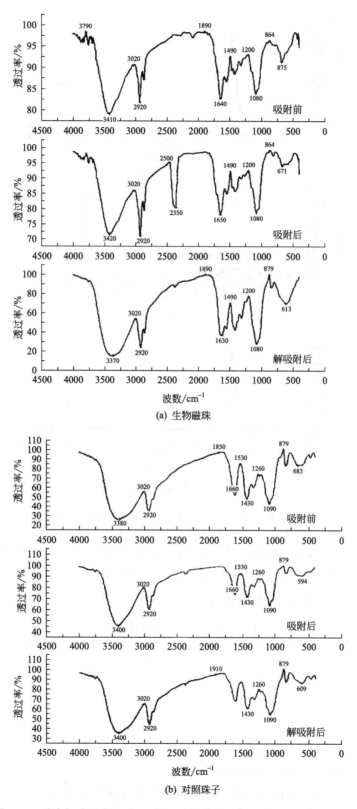

(a) 生物磁珠

(b) 对照珠子

图 5-12　磁珠与对照珠子对 Cr(Ⅵ) 吸附前后和解吸附后的红外光谱变化

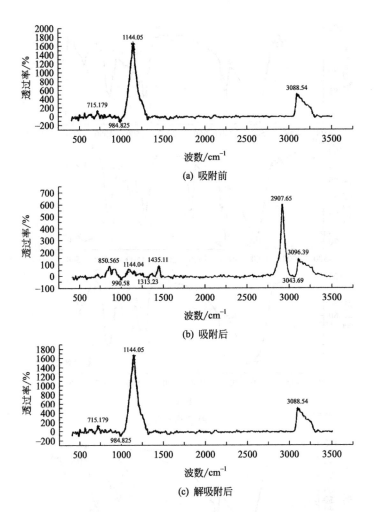

图 5-13　磁珠对 Cr(Ⅵ) 吸附前后和解吸附后的拉曼光谱变化

得在 1144cm⁻¹ 处的吸收峰强度明显减弱，强度由原来的 1700 减至约 500，经过解吸附后，2907cm⁻¹ 处的吸收峰消失了。由此可判断新峰的出现是由于生物功能磁珠吸收了 Cr(Ⅵ) 的缘故。拉曼光谱吸收峰与相应功能基团的关系如表 5-5 所示。

表 5-5　拉曼光谱吸收峰与相应功能基团的关系

拉曼峰数	频率/cm⁻¹	对应基团
1	984	环丁烷中饱和的 C—H 和 C—C
2	1144	线性烷烃中的—CH₃
3	2904	H—C≡N
4	2907	胺盐中的 N—H
5	3088	环丙烷

从表 5-5 中可以看出，2907cm⁻¹ 对应的功能基团是氨基盐，这也进一步证明了本研究的结论，即 Cr(Ⅵ) 的吸附是相关的氨基基团在起作用。

5.3.14　扫描电子显微镜分析

用扫描电子显微镜技术分析生物功能磁珠与 Cr(Ⅵ) 的结合关系，生物功能与非生物功能磁珠吸附前后 1000×扫描电子图如图 5-14 所示。

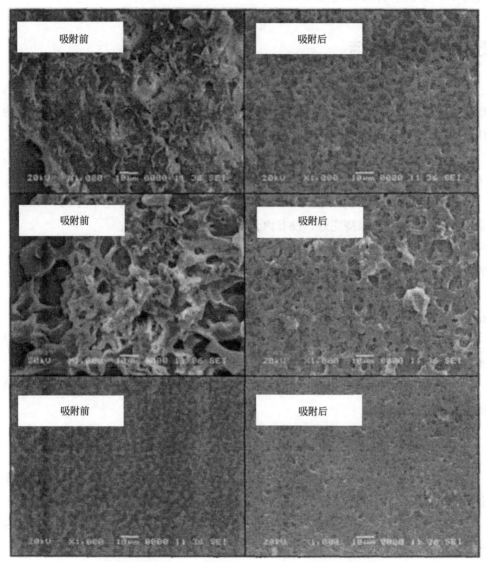

(a) 生物功能磁珠　　　　　　　　　　(b) 非生物功能磁珠(无菌体)

图 5-14　生物功能与非生物功能磁珠吸附前后 1000×扫描电子图

图 5-14 显示生物功能磁珠在吸附 Cr(Ⅵ) 前、后和解吸附后三种情况下的对比情况。在吸附 Cr(Ⅵ) 后，相对其他两种情况切片表面比较粗糙，但是在图 5-14 (b) 中此种情况不是很明显。两种磁珠是否吸附了 Cr(Ⅵ) 和吸附了多少是产生这样差别的主要原因。因为对照磁珠中没有包含科恩根霉菌体，吸附 Cr(Ⅵ) 的量相

对于生物功能磁珠而言是比较少的，所以在吸附 Cr(Ⅵ) 后，切片表面相对光滑且变化不大。解吸附后两组实验的切片与吸附前相比都发生了一些变化，但图 5-14 (a) 中变化明显，主要是磁珠经过酸预处理、铬溶液的浸泡和碱溶液的解吸附等操作，会使得其孔隙变小甚至堵塞，而使切片变得相对平滑，这也是造成循环利用中吸附和解吸附能力降低的主要原因。

5.4　本章小结

本章利用包埋法固定微生物和磁性纳米颗粒制备具有生物功能的磁性吸附剂，用于 Cr(Ⅵ) 废水的生物吸附处理。经过实验证明，该吸附剂同时具有良好的吸附性能和优越的分离优势。具体结果如下：

① 合成 Fe_3O_4 颗粒直径约为 20nm，振动样品磁强计测定其具备永久磁性，从而使得制备的生物功能磁珠不会发生自聚现象。

② 生物功能磁珠在 pH 值为 0～12，温度为 0～50℃，搅拌速率为 200r/min 的条件下，96h 内性能保持完好，没有内含成分泄露的现象发生。

③ pH 值对生物功能磁珠吸附 Cr(Ⅵ) 有显著的影响：酸性溶液有利于 Cr(Ⅵ) 的去除，随着溶液 pH 值的降低，Cr(Ⅵ) 的去除率逐渐升高。

④ 温度对生物功能磁珠吸附 Cr(Ⅵ) 的影响不是非常明显：温度变化从 15～39℃，Cr(Ⅵ) 的去除率有小幅度的提高。

⑤ 共存离子对生物功能磁珠吸附 Cr(Ⅵ) 的影响比较复杂，不仅依赖于共存离子和目标离子的量，而且也依赖于离子的价态。

⑥ 本研究中，铬主要以 Cr(Ⅵ) 的形式被生物功能磁珠吸附，约 15% 的 Cr(Ⅵ) 被还原成 Cr(Ⅲ)。

⑦ 生物功能磁珠吸附 Cr(Ⅵ) 的过程符合 Langmuir 吸附等温线模型。

⑧ 该实验生物吸附动力学过程符合 Lagergren 模型。

⑨ 0.1mol/L NaOH 溶液能够用来生物功能磁珠 Cr(Ⅵ) 的解吸附，5 个循环利用后，其吸附和解吸附能力降低不明显。

⑩ 傅里叶变换红外光谱和拉曼光谱分析表明在 Cr(Ⅵ) 的吸附过程中，吸附剂中被质子化的氨基起主导作用。

将磁性分离技术与微生物固定化技术相结合，用来处理含铬废水。磁性分离技术能够解决以往的研究中游离菌体吸附重金属后分离困难、吸附剂不能够进行重复利用的这一难题。该技术工艺简单，设备及操作成本低廉，处理效果好，对环境无毒无污染，是一种理想的绿色环保型的重金属废水处理技术。

参 考 文 献

[1]　Goya G F. Handling the particle size and distribution of Fe_3O_4 nanoparticles through ball milling [J]. Solid

State Commun，2004，130：783-787.

［2］ Amyn S. Teja，P. Y. Koh. Synthesis，properties，and applications of magnetic iron oxide nanoparticles [J]. Progress in Crystal Growth and Characterization of Materials，2008：7，8-17.

［3］ 李成魁，祁红璋，严彪. 磁性纳米四氧化三铁颗粒的化学制备及应用进展 [J]. 上海金属. 2009，31 (4)：54-58.

［4］ Zhang R. J.，Huang J. J.，Zhao H . T.，et al. Sol-gel auto-combustion synthesis of zinc ferrite for moderate temperature desulfurization [J]. Energy&Fuels，2007，21 (5)：2682-2687.

［5］ Donghee，R，Yeoung-S，Y.，Jong Moon，P. Mechanism of hexavalent chromium removal by dead fungal biomass of *Aspergillus niger* [J]. Water Res.，2005，39：533-540.

［6］ 迪安，魏俊发. 兰氏化学手册 [M]. 第二版. 北京：科学出版社，2003.

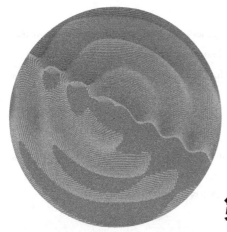

第6章

发酵工业副产品在处理含铬废水中的应用

近年来，生物材料作为吸附剂处理重金属废水已经成为水处理领域中的热门研究。它具备传统处理方法所不具备的优点：生物材料来源丰富、品种多、成本低廉，设备简单、易操作、投资小、运行费用低、吸附量大、处理效率高，尤其在低浓度条件下，重金属可以被选择性地去除，能应用的 pH 值和温度范围宽，可有效地回收一些贵重金属。在后处理方面，用一般化学方法就可以解吸生物吸附剂上吸附的金属离子，且解吸后的生物材料可循环利用。自从 Srivastava 等报道用锯屑作为吸附剂吸附废水中的 Cr(Ⅵ) 以来，国内外相当多的研究人员分别采用不同来源的生物材料作为吸附剂，包括细菌、真菌、海藻、水陆生植物以及工农业副产品等处理废水中有毒副作用的各种重金属。

通常活体生物材料吸附重金属的应用前景不是很广，因为受其生理生化等代谢活动的影响，尤其是在重金属废水环境中，生物的活性会受很大的影响，从而会影响它的吸附性能。而死体生物吸附剂因为不受生长的控制，无营养需求，不受重金属毒性的影响，同时对处理目标的环境和条件要求较低，从而普遍受到研究人员的青睐。死体生物吸附剂一般通过被动的吸附方式，如物理的静电作用、化学的螯合作用等对重金属保持着相对较高的吸附能力。

对于微生物来源的吸附剂，需要连续地大规模培养来收获菌体，从而保证废水处理的正常进行，这在一定程度上会造成处理操作成本的增加，进而影响到它应用于重金属废水的实际处理中。另外，游离的菌体对重金属的吸附效果虽然好于固定化的菌体，但是吸附处理的后续分离工作将很困难，这也同样影响着它的实际应用。

因此，本实验着重研究来源广泛的发酵工业副产品固体废弃物，结合磁性分离技术和微生物固定化技术，综合利用这些工业废弃物吸附处理含铬废水。

6.1　实验材料

6.1.1　材料

本实验利用传统发酵工业废弃菌体作为重金属的生物吸附剂。

① 赤霉素发酵工业废弃菌体：湖南某种业有限公司提供；

② 红霉素发酵工业废弃菌体：岳阳某药业集团公司提供；

③ 啤酒酵母废弃菌体：微生物实验室啤酒发酵实验废弃菌体。

6.1.2　包埋剂

本实验利用海藻酸钠和聚乙烯醇作为制备磁性生物吸附剂的包埋剂。磁核采用制备的 Fe_3O_4 磁性粒子。

6.2　实验方法

6.2.1　废弃菌体处理

将三种菌体分别用去离子水漂洗 3～5 次，然后在 60℃恒温箱中干燥至恒重，机械粉碎并用标准筛分选粒径 0.45～1.0mm 颗粒保存到干燥箱中，备用。

6.2.2　磁性 Fe_3O_4 粒子合成以及磁性测定

Fe_3O_4 磁性粒子合成具体方法如下：分别称取 4.9708g $FeCl_2 \cdot 4H_2O$ 和 6.4888g $FeCl_3$ 超声溶解在 50mL 和 80mL 去离子水中，制备 0.5mol/L $FeCl_2$ 和 $FeCl_3$ 的贮备液。量取 35mL $FeCl_3$ 和 20mL $FeCl_2$ 溶液倒入 250mL 三口瓶中，加热至 80℃，通氮气 10min。1600r/min 搅拌，同时迅速向三口瓶中加入 25% 的浓氨水（pH＝9）9mL，溶液变成黑色。15min 后再加 2mL 浓氨水（pH＝11）到三口瓶中，1600r/min 搅拌 15min。反应完毕后用永久磁铁分离出黑色固体，去离子水洗涤 3～5 次，得到粒径约为 20nm 的 Fe_3O_4 纳米粒子。加水配制成 Fe_3O_4 含量为 7mg/mL 的磁流体，备用。

Fe_3O_4 粒子剩磁和矫顽磁性经振动样品磁强计测定，湖南省某电子所测定。

6.2.3　生物功能磁珠制备

生物功能磁珠的制备方法同 5.2.3。

6.2.4 生物功能磁珠性能测定

生物功能磁珠性能的测定分别在强酸、强碱、高低温以及抗剪切力的条件下进行测定。

6.2.5 其他实验方法

其他实验方法同第 4 章和第 5 章相关方法。

6.3 结果与讨论

6.3.1 生物功能磁珠的性能

三种发酵工业废弃菌体制备的生物功能磁珠性能的检测试验分别从强酸到强碱的溶液中，搅拌转速分别为在 $100 \sim 200r/min$ 的条件下，经过连续 4d 的操作，磁珠的形状、机械强度等均保持完好。同时还检测了磁珠在不同温度条件下的耐受性能，在温度范围为 $0 \sim 50℃$ 内连续 4d 操作，性能保持完好，无 Fe_3O_4 颗粒的泄露，磁性没有发生改变。由此说明本研究制备的生物功能磁珠性能稳定，初步认定可进行实验目的研究。

6.3.2 pH 值对生物功能磁珠吸附六价铬的影响

文献报道中已经表明，溶液 pH 值对 $Cr(Ⅵ)$ 的去除有直接的影响，本实验也对 pH 值进行了研究，其结果如图 6-1 所示。

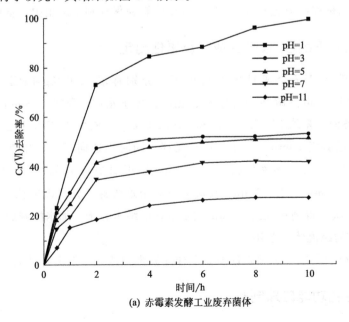

(a) 赤霉素发酵工业废弃菌体

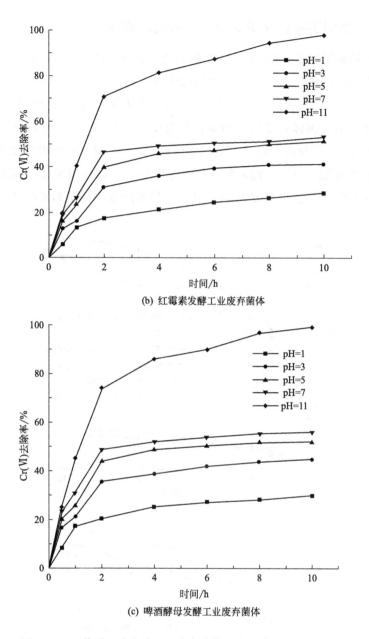

(b) 红霉素发酵工业废弃菌体

(c) 啤酒酵母发酵工业废弃菌体

图 6-1 pH 值对三种发酵工业废弃菌体磁珠去除 Cr(Ⅵ) 的影响

本实验分别用三种发酵工业废弃菌体磁珠吸附 pH 值依次为 1、3、5、7、11 溶液中的 Cr(Ⅵ)。图中显示的结果基本一致，随着 Cr(Ⅵ) 溶液 pH 值的增加，去除效率降低。pH 值为 1 最利于 Cr(Ⅵ) 吸附的发生，而且溶液中的 Cr(Ⅵ) 在 10h 内基本全部去除，去除效率远远高于其他 pH 值的溶液。随着 Cr(Ⅵ) 溶液 pH 值的升高，去除效率明显降低。这一实验结果与第 4 章和第 5 章的结果基本一致。

6.3.3 温度对生物功能磁珠吸附六价铬的影响

本实验研究了温度对 Cr(Ⅵ) 的吸附去除的影响。15℃、28℃和39℃对三种发酵工业废弃菌体磁珠去除 Cr(Ⅵ) 的影响如图 6-2 所示。

图 6-2 显示，三种废弃菌体磁珠对 Cr(Ⅵ) 的去除率随时间呈增加的趋势，但是空白磁珠（不含菌体）变化不明显。在温度为 15℃时，Cr(Ⅵ) 的去除率经过 12h 赤霉素废弃菌体最高，约为 93%，而红霉素废弃菌体和啤酒酵母废弃菌体约为 85%。在温度为 28℃时，赤霉素废弃菌体约为 95%，而红霉素废弃菌体和啤酒酵母废弃菌体约为 90%。当温度为 39℃时，三种菌的生物磁珠对 Cr(Ⅵ) 的去除率

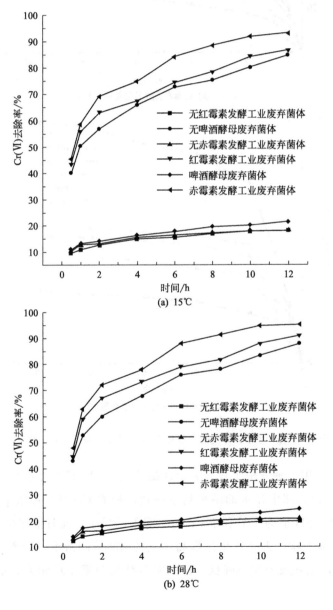

(a) 15℃

(b) 28℃

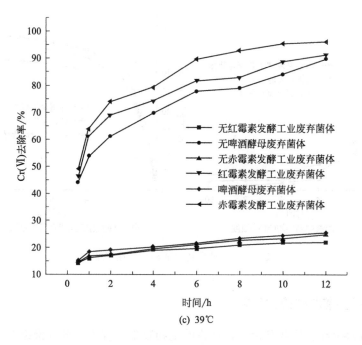

图 6-2　温度对三种发酵工业废弃菌体磁珠去除 Cr（Ⅵ）的影响

与在 28℃时基本相同。这说明随着含铬废水温度的增加，此三种工业废弃菌体对 Cr（Ⅵ）的吸附去除影响不明显。因为 28℃更接近室温，所以其被选为最佳处理温度。空白对比实验说明在废水中 Cr（Ⅵ）的去除过程中，起主要作用的是微生物菌体。

6.3.4　三种发酵工业废弃菌体磁珠的吸附能力

本实验在最优条件下对三种生物功能磁珠的吸附能力进行了测定，结果如图 6-3 所示。图 6-3（a）显示，赤霉素发酵工业废弃菌体磁珠和啤酒酵母发酵工业废弃菌体磁珠在经过 8h 时对 Cr（Ⅵ）的吸附达到饱和状态，而发酵工业废弃菌体红霉素磁珠只用 6h 就达到了吸附饱和状态，即溶液中 Cr（Ⅵ）的浓度都不再发生明显变化，分别约为 0.9mg/L、2.3mg/L、4.1mg/L。结果表明赤霉素发酵工业废弃菌体磁珠对 Cr（Ⅵ）的吸附去除效率明显高于另外两种，而啤酒酵母发酵工业废弃菌体磁珠的去除效率最低。图 6-3（b）显示了 3 种吸附剂对 Cr（Ⅵ）的最大吸附能力，赤霉素发酵工业废弃菌体磁珠和啤酒发酵工业废弃菌体酵母磁珠经过 8h 对 Cr（Ⅵ）的吸附能力达到最大，分别为 39.1mg/g 和 33mg/g，而红霉素发酵工业废弃菌体磁珠经过 6h 达到最大为 36.2mg/g。以上结果分析表明，由此三种废弃菌体合成的生物功能磁珠对 Cr（Ⅵ）的吸附表现出了良好的性能，而且具备了分离回收的便利条件，展现了较好的商业应用前景。

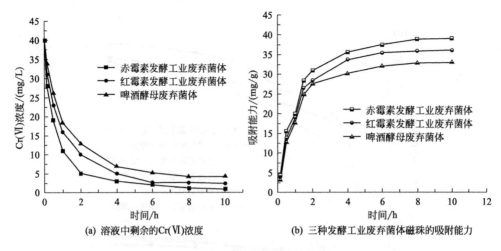

(a) 溶液中剩余的Cr(Ⅵ)浓度　　(b) 三种发酵工业废弃菌体磁珠的吸附能力

图 6-3　三种生物功能磁珠吸附能力

6.3.5　铬生物吸附的特性

铬具有六价和三价两种价态，在铬的生物吸附过程中部分六价铬会被生物吸附剂中的某些还原态组分还原为三价铬。本实验对铬的生物吸附特性进行了研究。在不同的时间段取样分析 Cr(Ⅵ)、Cr(Ⅲ) 和总 Cr 在溶液中的浓度，计算出 Cr(Ⅲ) 的量，结果如图 6-4 所示。

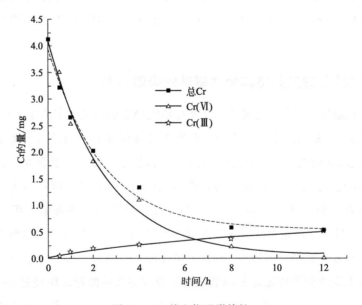

图 6-4　Cr 的生物吸附特性

从图 6-4 中可以看出溶液中 Cr(Ⅵ) 的量在初始的 2h 内迅速减少，之后速度逐渐减慢，直至接近零。总 Cr 也呈这一趋势减少，但在 8h 后接近 0.54mg 时恒定不变，而 Cr(Ⅲ) 的量却逐渐增加至约 0.53mg。约 13％的 Cr(Ⅵ) 在吸附过程中被生物吸附剂还原为 Cr(Ⅲ)，约 87％的 Cr 被直接吸附。

6.3.6　Langmuir 吸附等温线

Langmuir 吸附等温线模型用来描述 Cr(Ⅵ) 的生物功能磁珠吸附过程。根据 Langmuir 方程分别作三种发酵工业废弃菌体磁珠的 Langmuir 吸附等温线，如图 6-5 所示。

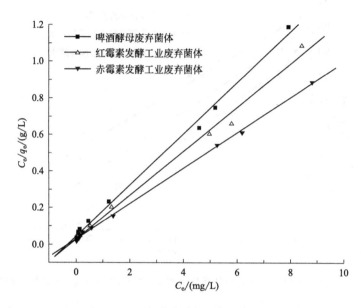

图 6-5　三种发酵工业废弃菌体磁珠的 Langmuir 吸附等温线

从图 6-5 中相对应直线的斜率和纵轴截距可以获得相关参数，对其进行线性回归分析可得到相关数据，三种发酵工业废弃菌体磁珠吸附 Cr(Ⅵ) 的 Langmuir 模型参数如表 6-1 所示。

表 6-1　三种发酵工业废弃菌体磁珠吸附 Cr(Ⅵ) 的 Langmuir 模型参数

磁珠种类	$Q_{max}/(mg/g)$	$K_L(L/mg)$	r^2
啤酒酵母菌	29.2	0.0343	0.996
红霉菌	35.5	0.0282	0.992
赤霉菌	36.7	0.027	0.998

从表 6-1 中可知，根据 Langmuir 吸附等温线模型计算出的三种发酵工业废弃菌体磁珠的最大吸附能力为：啤酒酵母菌为 29.2mg/g、红霉菌为 35.5mg/g、赤霉菌为 36.7mg/g，与本章 6.3.4 中的结果非常相近。6.3.4 中的结果为：啤酒酵母菌为 33mg/g、红霉菌为 36.2mg/g、赤霉菌为 36.1mg/g。三种发酵工业废弃菌体磁珠的相关系数均在 0.99 以上。这些数据表明本实验的所有数据符合 Langmuir 吸附等温线模型，吸附过程能够用该模型进行描述。

6.3.7 吸附动力学

Lagergren 模型被用来模拟本实验三种发酵工业废弃菌体磁珠吸附 Cr(Ⅵ) 的动力学过程。实验数据用来绘制 $\log(q_e - q_t)$ 对时间的直线图，三种发酵工业废弃菌体磁珠吸附 Cr(Ⅵ) 的 Lagergren 动力学曲线如图 6-6 所示。

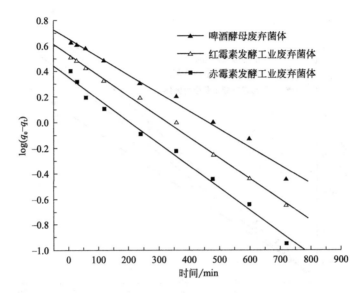

图 6-6　三种发酵工业废弃菌体磁珠吸附 Cr(Ⅵ) 的 Lagergren 动力学曲线

根据 Lagergren 模型的线性方程从纵轴截距和直线的斜率可以计算出 q_e、K_L 和 r^2 的值，三种发酵工业废弃菌体磁珠吸附 Cr(Ⅵ) 的 Lagergren 模型参数如表 6-2 所示。

表 6-2　三种发酵工业废弃菌体磁珠吸附 Cr(Ⅵ) 的 Lagergren 模型参数

磁珠种类	$q_e/(mg/g)$	K_L/h^{-1}	r^2
啤酒酵母	22.7	0.003	0.987
红霉素	34.2	0.003	0.988
赤霉素	45.5	0.004	0.992

利用 Origin 7.0 软件对动力学数据进行线性回归分析，表中数据显示 3 种发酵工业废弃菌体磁珠的吸附动力学数据都能够很好地被该模型进行拟合。其中赤霉磁珠对 Cr(Ⅵ) 吸附的动力学数据适合 Lagergren 模型的程度要好于另外两种磁珠。因此，该模型能够用来描述三种磁珠对 Cr(Ⅵ) 吸附的动力学过程。

6.3.8 三种发酵工业废弃菌体磁珠解吸附和重复利用

为了验证三种发酵工业废弃菌体磁珠是否能够进行重复利用，做了 5 次吸附-解吸附循环实验。解吸附实验采用 0.1mol/L NaOH 溶液，实验均采用优化条件。

5个循环以后三种发酵工业废弃菌体磁珠吸附和解吸附 Cr(Ⅵ) 的能力如表 6-3 所示。

表 6-3　三种发酵工业废弃菌体磁珠吸附和解吸附 Cr(Ⅵ) 的能力

次数	吸附量/mg	解吸附量/mg	回收率/%
1	3.98	3.90	98.0
2	3.92	3.83	97.8
3	3.90	3.79	97.3
4	3.90	3.78	97.0
5	3.85	3.72	96.7

从表 6-3 中可知，虽然三者都呈现一定的下降趋势，但是降低的幅度很小，Cr(Ⅵ) 的回收率从第 1 个循环的 98.0% 到第 5 个循环的 96.7%，仅降低了 1.3%。而吸附和解吸附量经过 5 个循环降低了约 3.3% 和 4.6%。研究结果表明：该吸附剂初步具备商业开发应用的潜力。

6.4　本章小结

本章利用工业发酵废弃菌体作为廉价吸附剂，并且将物理学中的磁性分离技术与微生物固定化技术相结合，制备了吸附迅速、分离简单，能够进行重复利用的去除水体中 Cr(Ⅵ) 的吸附剂，通过实验初步证实其具备商业开发应用价值。本章实验结果总结如下：

① 合成的三种发酵工业废弃菌体磁珠在不同 pH 值的 Cr(Ⅵ) 溶液中，不同的温度，搅拌速率为 200r/min 的条件下，4d 内性能保持完好，没有内含成分泄露的现象发生。

② 溶液 pH 值对 Cr(Ⅵ) 的吸附有明显的影响：随着溶液 pH 值的增加，Cr(Ⅵ) 的吸附去除效率明显呈下降趋势，最佳去除 pH 值为 1。

③ 温度对 Cr(Ⅵ) 的吸附去除影响不明显，最佳温度为 28℃。

④ 三种发酵工业废弃菌体磁珠对 Cr(Ⅵ) 的吸附能力为：赤霉素磁珠和啤酒酵母磁珠分别为 39.1mg/g 和 33mg/g，而红霉素磁珠最大为 36.2mg/g。实验结果表明此 3 种磁珠对 Cr(Ⅵ) 的吸附表现出了良好的性能，而且具备分离回收的便利条件，展现较好的商业开发应用前景。

⑤ 本实验中铬生物吸附的特性分为两部分：87% 为被直接吸附，13% 的 Cr(Ⅵ) 被生物吸附剂还原为 Cr(Ⅲ)。

⑥ 3 种发酵工业废弃菌体磁珠对 Cr(Ⅵ) 的吸附过程能够用 Langmuir 吸附等温线模型来描述。

⑦ Lagergren 吸附动力学模型能够很好地描述 3 种发酵工业废弃菌体磁珠对

Cr(Ⅵ) 的吸附过程。

⑧ 5 次吸附-解吸附循环实验结果表明：该吸附剂对六价铬的吸附和解吸附均保持良好的性能，受重复实验的影响较小，而且还具有磁性分离的优势。因此，生物磁性吸附回收水体中重金属的技术初步具备了商业开发应用的潜力。

参 考 文 献

[1] Mohan，D.，Pittmann C. U. Activated carbons and low cost adsorbents for remediation of tri-and hexavalent chromium from water—a review [J]. J. Hazard. Mater. 2006，137：762-811.

[2] Volesky，B. Biosorption of heavy metals，CRC Press Inc.，USA，1990.

[3] Bailey，S. E.，Olin，TJ.，Bricka，R. M.，Adrian，D. D，A review of potentially low-cost sorbents for heavy metals [J]. Water Res. 1999，33：2469-2479.

[4] Kapoor，A.，Viraraghavan，T. Fungal biosorption—an alternative treatment option for heavy metal bearing wastewaters：a review [J]. Bioresour. TechnoL，1995，53：195-206.

[5] Mehta，S. K.，Gaur，J. P. Use of algae for removing heavy metal ions from wastewater：progress and prospects [J]. Crit. Rev. BiotechnoL，2005，25：113-152.

[6] Bai，S. R.，Abraham，T. E. Studies on biosorption of chromium(Ⅵ) by dead fungal biomass [J]. J Sci Ind Res India.，1998，57：821-824.

[7] Donghee，R，Yeoung-S，Y.，Jong Moon，P. Mechanism of hexavalent chromium removal by dead fungal biomass of *Aspergillus niger* [J]. Water Res.，2005，39：533-540.

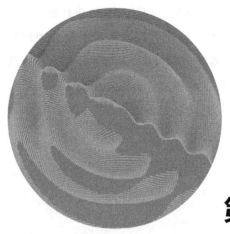

第7章

微生物吸附法在处理含铅废水中的应用

　　铅是水体中常见的阳离子污染源，已被世界各国列为重点污染防治对象。如果含铅废水排放达不到标准，不但会对人体造成很大的伤害，对动植物和环境也会造成严重的危害。含铅废水进入到环境时，会先被生物体富集，然后从食物链传递给人类，破坏人类神经、消化和免疫能力等。由于传统的重金属污染处理方法常存在很多问题，如运行费用高、原材料成本高、处理效率相对较低以及容易引起二次污染等缺点。因此，开发重金属污染治理成本低、处理效果好且不产生二次污染的防治技术已成为当前急需要解决的问题。

　　目前，生物吸附法作为一种治理重金属污染的技术，越来越受到科研人员的青睐。生物吸附法具有处理重金属废水运行成本低、处理效果好、原料丰富、不产生二次污染，且易于去除和回收重金属等优点。在应用微生物吸附法处理重金属废水的实践中，由于大部分微生物对重金属离子的抵抗力较低，造成了废水处理效率低等问题，使得微生物吸附法在实际的重金属废水处理中受到严重限制。因此，筛选出对重金属抗性较高和重金属污染环境适应性较强的微生物，有效结合微生物固定化技术，提高重金属的处理能力和处理系统的适应性已成为相关研究的热点话题。

　　本研究旨在分离筛选出耐铅菌且结合固定化技术处理含 Pb^{2+} 废水，以期实现固液分离、再生重复利用等，将耐铅菌经固定化后用于处理含 Pb^{2+} 废水，并对其吸附条件、吸附性能和机理展开研究，为废旧轮胎胶粉资源化利用提供了有效途径，实现"以废治废"，同时为重金属污染水体的生物治理提供理论依据。

利用微生物处理重金属污染是一种廉价有效的方法，而且培养细菌对重金属离子的耐受性对重金属污染处理效果有很大的影响。本研究以乳品废水作为菌株来源，首先对其进行分离、筛选和纯化，同时观察其菌落特征。并利用含 Pb^{2+} 分离培养基来测定菌株对铅的耐受性，得到嗜水气单胞菌（*Aeromonas hydrophila*），命名菌株 H1，利用 OD 值评价其生长特征，并对该目标菌进行 16S rDNA 测序分析鉴定。

7.1 实验材料

7.1.1 主要试剂

实验所需要主要试剂和药品如表 7-1 所示。

表 7-1　实验所用的主要试剂与药品

药品名称	分子式	类别
牛肉膏	—	生化试剂
蛋白胨	—	生化试剂
琼脂粉	—	生化试剂
氯化钠	NaCl	分析纯
硝酸铅	$Pb(NO_3)_2$	分析纯
氢氧化钠	NaOH	分析纯
无水氯化钙	$CaCl_2$	分析纯
硝酸	HNO_3	分析纯
盐酸	HCl	分析纯
氯化锌	$ZnCl_2$	分析纯
五水硫酸铜	$CuSO_4 \cdot 5H_2O$	分析纯
硫酸铁	$Fe_2(SO_4)_3$	分析纯
六水硫酸锰	$MnSO_4 \cdot 6H_2O$	分析纯
海藻酸钠	$(C_6H_7NaO_6)_n$	分析纯
丙三醇	$C_3H_8O_3$	分析纯
乙醇	C_2H_5OH	分析纯

7.1.2 样品来源

(1) 菌株来源

实验采用内蒙古呼和浩特市某污水处理厂污泥为菌株分离的泥样，某乳品企业废水为菌株分离的水样。

(2) 废水来源

实验采用内蒙古包头市某稀土园区工业废水。

7.1.3　培养基

(1) 细菌固体培养基

蛋白胨 10g，牛肉膏 3g，NaCl 5g，琼脂 20g，蒸馏水 1000mL，初始 pH 值为 7.2，在 1×10^5 Pa、121℃下灭菌 30min。

(2) 细菌液体培养基

蛋白胨 10g，牛肉膏 3g，NaCl 5g，蒸馏水 1000mL，初始 pH 值为 7.2，在 121℃下灭菌 30min。

(3) 分离培养基

在上述基础培养基中分别加入不同浓度的金属离子。

7.2　实验方法

7.2.1　菌种分离与筛选

量取 10mL 所采集的样品水样，加入到已装有 90mL 无菌蒸馏水的锥形瓶中，此浓度为 10^{-1}，充分振荡后静置 30min。然后从该混合液中取出 1mL 溶液，再加入已装有 9mL 无菌蒸馏水的离心管中，充分混合，可得到浓度为 10^{-2} 的混合液。接着依次稀释成 10^{-3}、10^{-4}、10^{-5}、10^{-6}、10^{-7}。从 $10^{-5} \sim 10^{-7}$ 混合液中各取 0.2mL，分别涂布在固体平板培养基上，将其放在 30℃ 生化培养箱中倒置培养，24h 后观察其菌落形态特征。经过 24h 培养后，用接种环挑取其中饱满、黏性大且生长良好的单菌落，在固体培养基中反复划线培养，以达到纯化培养物的目的。

将已经纯化的菌株分别接种于含有 100mg/L 的含 Pb^{2+} 固体分离培养基上，于 30℃培养箱中倒置培养。接着依次接种到含有 150mg/L、200mg/L、250mg/L、300mg/L、350mg/L、400mg/L、450mg/L、500mg/L、550mg/L 的 Pb^{2+} 固体培养基上，继续倒置培养。最后将含有 450mg/L、500mg/L、550mg/L 的 Pb^{2+} 固体培养基上所生长的单菌落进行培养，在 48h 后确定分离细菌对重金属 Pb^{2+} 的最大抗性浓度，将抗性最强的菌株保存以供后续实验用，挑选出耐高浓度 Pb^{2+} 最好的菌株编号并储存备用。

7.2.2　耐铅菌种鉴定

(1) 菌落形态观察

通过涂布法获得分离细菌的单菌落，并将细菌平板放 30℃生化培养箱中倒置培养 1～2d，待长成菌落后，观察并记录细菌菌落的形态特征。观察的菌落特征主要包括：菌落的形状、大小、颜色、表面状态、隆起形状、边缘状况、表面光泽、透明度和黏稠度等。

（2）16S rDNA 序列测定

采用 16S rDNA 序列测定的方法分析鉴定菌株，首先提取待测细菌 DNA，然后对细菌 16S rDNA 的 PCR 扩增，最后对扩增产物进行测序。将细菌 16S rDNA 测序结果输入 BLAST 软件程序，与 GenBank 数据库中已知的其他菌株 16S rDNA 序列的同源性进行比较后，鉴定细菌种类。16S rDNA 序列测定工作由上海某生物工程公司来完成，其测定与分析过程如下：

1）基因组 DNA 提取

对于基因组 DNA 的提取主要包含三方面的内容：细菌的培养、细菌的获取及裂解、质粒的分离和纯化。

2）细菌 16S rDNA 的 PCR 扩增与测序

PCR 技术的基本原理就是遗传基因在细胞中的复制过程，这个过程需要为遗传基因的体外合成提供一个适合的条件，PCR 反应体系的基本成分包括：两端引物、待扩增 DNA、合适的温度、DNA 聚合酶和适宜的时间等。在这种条件下，该技术就可以对待扩增 DNA 片段或者待扩增目的基因进行有目的扩增。

3）凝胶电泳

实验测定的凝胶电泳条件为 1% 琼脂糖电泳，150V、100mA、20min，观察电泳结果。

4）菌株 H1 的 16S rDNA 序列分析及系统发育树的构建

将得到的细菌 16S rDNA 测序结果与 GenBank 中的数据库进行 BLAST 相似性比对分析。并采用 MEGA4.1 软件对该目标菌株 H1 进行系统发育树构建。

7.2.3 生长曲线测定

将耐铅细菌接种到液体培养基后进行振荡培养，定时取出培养液，用分光光度计测定不同时间点培养液的 OD_{600} 值。该实验做 3 个平行样、一个空白样，最后取平均值并绘制出该细菌在实验条件下的生长曲线。

7.2.4 铅溶液配制

（1）铅标准溶液的配制

将铅标准溶液分别配制成浓度为 1mg/L、2mg/L、4mg/L、6mg/L、8mg/L 和 10mg/L 的铅溶液，用 TAS-990 型原子吸收分光光度计测定后绘制标准曲线。将 $Pb(NO_3)_2$ 配制成 1g/L 的铅溶液作为母液，并用去离子水将其稀释到实验需要的浓度。

（2）1mol/L HCl

量取 21.2mL 的浓盐酸用去离子水稀释至 250mL。

（3）1mol/L NaOH

称取 10g 的氢氧化钠用去离子水稀释至 250mL。

7.2.5　pH 值测定

用 pH 值 6.86 和 pH 值 9.18 的标准缓冲溶液来标定 pH 数显计，然后将电极探头插入待测溶液中，并缓慢搅动，等到 pH 计读数稳定后即可记下待测溶液的 pH 值。

7.2.6　耐铅菌株分离、筛选与纯化

在利用微生物吸附剂处理重金属废水的实际应用中，如果所用菌株对重金属离子具有较高的抗性，那么该菌株在重金属废水中会有较强的处理效率。因此，实验分别测定所筛选菌株对 Pb^{2+} 的抗性，筛选菌株实验结果如表 7-2 所示。

表 7-2　筛选菌株实验结果

菌种编号	A1	B1	C1	D1	E1	F1	G1	H1
耐受最高 Pb^{2+} 浓度/(mg/L)	300	350	450	300	400	350	400	500

由表 7-2 可以看出，从污水处理厂污泥及乳品废水中筛选出 8 株耐铅菌株，其中来源于乳品废水的菌株 H1 耐受最高 Pb^{2+} 浓度达到 500mg/L，因此后续研究以菌株 H1 为实验用菌，讨论对 Pb^{2+} 的吸附性能，且进一步进行固定化研究，并探讨其在重金属废水处理中的应用潜力。

7.2.7　生长曲线

本实验采用牛肉膏蛋白胨培养基，分装于试管，每支试管装 10mL，无菌操作分别接种所筛菌株 H1 生长 36h 的培养液 0.2mL，在 30℃，180r/min 条件下振荡培养，选取培养时间范围为 0～50h，每隔 2h 取一次样，用紫外分光光度计测出不同时间点的 OD_{600nm} 值，以空白培养液来做参比，以培养时间为横坐标，以 OD_{600nm} 值为纵坐标，绘制菌株 H1 的生长曲线如图 7-1 所示。

由图 7-1 可以看出，菌株 H1 的长势良好，在 10h 左右进入对数期，36h 左右达到稳定期。在此时间段内，多数细菌对重金属的吸附能力达到最大，在随后的衰亡期中，其吸附能力有所下降。

7.2.8　生物吸附剂制备

将保存菌株 H1 接种到新鲜的固体培养基上，于生化培养箱中在 30℃ 下培养

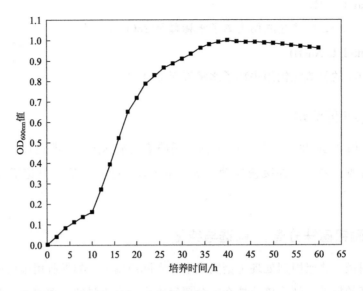

图 7-1　菌株 H1 的生长曲线

48h，进行活化，接着挑取少量菌体接种到液体培养基中，在 30℃、180r/min 的条件下培养 24h，获得种子液。以体积分数 4% 的接种量将种子液接入液体培养基中，振荡培养 48h 后，经 8000r/min 离心 10min 后收集菌体，并用无菌水洗涤 3 次，获得菌株 H1 的纯菌体并称取重量。从中取出小部分放于烘干箱中在 65℃下烘干 24h，测定含水率，将剩余的菌体存放于冰箱中作为生物吸附剂备用。

7.2.9　吸附条件研究

在含有重金属 Pb^{2+} 溶液中投加生物吸附剂菌株 H1，在一定条件下按照不同的实验要求进行吸附，吸附完成后经 8000r/min 离心 10min，得到上清液用原子吸光分光光度计测定 Pb^{2+} 浓度，每组实验重复 3 次，数据取 3 次结果的平均值。实验方法如下：

(1) 菌体投加量对吸附的影响

在 $C_i(Pb^{2+})$ 为 100mg/L 溶液中，分别加入菌体质量浓度 C_b 为 0.16g/L、0.32g/L、0.48g/L、0.64g/L、0.80g/L、0.96g/L、1.12g/L、1.28g/L、1.44g/L 和 1.60g/L 的吸附剂，在 pH 值为 6、30℃条件下吸附 30min，收集上清液，离心并过滤，测定 Pb^{2+} 的终浓度 C_f。

(2) pH 值对吸附的影响

将 $C_i(Pb^{2+})$ 为 100mg/L 溶液用 1mol/L 的 HCl 和 1mol/L 的 NaOH 调节 pH 值至 3、4、5、6、7、8 和 9，分别加入 0.64g/L 的吸附剂，在 30℃的条件下振荡吸附 30min，收集上清液，离心并过滤，测定 Pb^{2+} 的终浓度 C_f。

（3）Pb²⁺ 初始浓度对吸附的影响

在 C_i（Pb²⁺）为 20mg/L、40mg/L、60mg/L、80mg/L、100mg/L、120mg/L、140mg/L、160mg/L、180mg/L 和 200mg/L 的溶液中，分别加入 0.64g/L 的吸附剂，在 pH 值为 6、30℃的条件下吸附 30min，收集上清液，离心并过滤，测定 Pb²⁺ 的终浓度 C_f。

（4）温度对吸附的影响

在 C_i（Pb²⁺）为 100mg/L 溶液中加入 0.64g/L 的吸附剂，在 pH 值为 6，温度为 20℃、25℃、30℃、35℃、40℃、45℃ 和 50℃ 条件下振荡吸附 30min，收集上清液，离心并过滤，测定 Pb²⁺ 的终浓度 C_f。

7.2.10　吸附动力学研究

取一定体积的含 Pb²⁺ 的溶液于锥形瓶中，然后将此离子溶液与吸附剂混合，在摇瓶中接触振荡，立即计时。一段时间后，取样分析 t 时间条件下吸附量 q_t，测定 Pb²⁺ 的吸附量。此体系 Pb²⁺ 初始浓度为 100mg/L，菌株 H1 投加量为 0.64g/L，生物吸附动力学实验过程示意如图 7-2 所示。

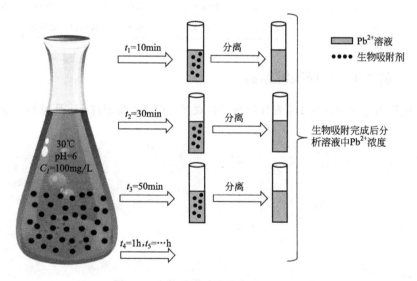

图 7-2　生物吸附动力学实验过程示意

7.3　结果与讨论

7.3.1　耐铅菌的菌落形态特征

用接种环挑取菌株 H1 划线到固体培养基上，倒置于 30℃的恒温培养箱中，培养 48h 后取出，观察菌株 H1 在含铅培养基上的菌落形态如图 7-3 所示。

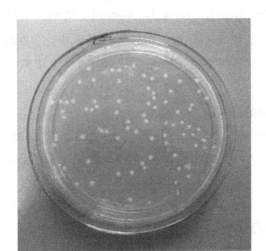

图 7-3　菌株 H1 在含铅培养基上的菌落形态

菌株 H1 的菌落特征如表 7-3 所示。

表 7-3　菌株 H1 的菌落特征

菌株编号	菌落直径	形状	表面状态	隆起形状	边缘状况	颜色	质地	透明度
H1	2.0mm	圆形	湿润光滑	微凸起	整齐	微白色	黏稠状	半透明

7.3.2　菌株 H1 扫描电镜结果

利用扫描电镜对菌株 H1 表观形貌进行观察，图 7-4 为菌株 H1 环境扫描电镜图。

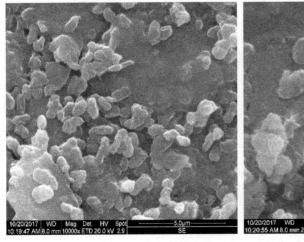

图 7-4　菌株 H1 环境扫描电镜图

由图 7-4 可知，菌株 H1 为短杆菌，大小为 $(0.3 \sim 1.0) \mu m \times (1.0 \sim 3.5) \mu m$。

7.3.3　菌株 H1 16S rDNA 序列分析结果

(1) 菌株 H1 16S rDNA 的 PCR 扩增

以菌株 H1 的基因组 DNA 为模板，对其进行
PCR 扩增，将得到的 PCR 产物电泳，菌株 H1 PCR
电泳图如图 7-5 所示。

由图 7-5 可知，菌株 H1 的 16S rDNA 大小约
为 1.5kb。

(2) 16S rDNA 序列分析

对菌株 H1 的 16S rDNA 进行扩增，获得了 1.5
kb 大小的片段，经分析后得到菌株 H1 的 16S rDNA
全序列如下：

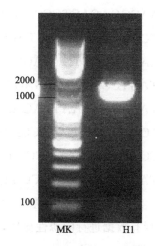

图 7-5　菌株 H1 PCR 电泳图

CCTGGCTCAGATTGAACGCTGGCGGCAGGCCTAACACATGCAAGTCG
AGCGGCAGCGGGAAAGTAGCTTGCTACTTTTGCCGGCGAGCGGCGGACGG
GTGAGTAATGCCTGGGAAATTGCCCAGTCGAGGGGGATAACAGTTGGAA
ACGACTGCTAATACCGCATACGCCCTACGGGGGAAAGCAGGGGACCTTCG
GGCCTTGCGCGATTGGATATGCCCAGGTGGGATTAGCTAGTTGGTGAGG
TAATGGCTCACCAAGGCGACGATCCCTAGCTGGTCTGAGAGGATGATCAG
CCACACTGGAACTGAGACACGGTCCAGACTCCTACGGGAGGCAGCAGTGG
GGAATATTGCACAATGGGGGAAACCCTGATGCAGCCATGCCGCGTGTGTG
AAGAAGGCCTTCGGGTTGTAAAGCACTTTCAGCG AGGAGGAAAGGTTGAT
GCCTAATACGTATCAACTGTGACGTTACTCGCAGAAGAAGCACCGGCTAA
CTCCGTGCCAGCAGCCGCGGTAATACGGAGGGTGCAAGCGTTAATCGGAA
TTACTGGGCGTAAAGCGCACGCAGGCGGTTGGATAAGTTAGATGTGAAA
GCCCCGGGCTCAACCTGGGAATTGCATTTAAAACTGTCCAGCTAGAGTCT
TGTAGAGGGGGGTAGAATTCCAGGTGTAGCGGTGAAATGCGTAGAGATC
TGGAGGAATACCGGTGGCGAAGGCGGCCCCCTGGACAAAGACTGACGCT
CAGGTGCGAAAGCGTGGGGAGCAAACAGGATTAGATACCCTGGTAGTCC
ACGCCGTAAACGATGTCGATTTGGAGGCTGTGTCCTTGAGACGTGGCTT
CCGGAGCTAACGCGTTAAATCGACCGCCTGGGGAGTACGGCCGCAAGGT
TAAAACTCAAATGAATTGACGGGGGCCCGCACAAGCGGTGGAGCATGTG
GTTTAATTCGATGCAACGCGAAGAACCTTACCTGGCCTTGACATGTCTG
GAATCCTGCAGAGATGCGGGAGTGCCTTCGGGAATCAGAACACAGGTGC
TGCATGGCTGTCGTCAGCTCGTGTCGTGAGATGTTGGGTTAAGTCCCGC
AACGAGCGCAACCCCTGTCCTTTGTTGCCAGCACGTAATGGTGGGAACT

CAAGGGAGACTGCCGGTGATAAACCGGAGGAAGGTGGGGATGACGTCAA
GTCATCATGGCCCTTACGGCCAGGGCTACACACGTGCTACAATGGCGCGT
ACAGAGGGCTGCAAGCTAGCGATAGTGAGCGAATCCCAAAAAGCGCGTC
GTAGTCCGGATCGGAGTCTGCAACTCGACTCCGTGAAGTCGGAATCGCTA
GTAATCGCAAATCAGAATGTTGCGGTGAATACGTTCCCGGGCCTTGTACA
CACCGCCCGTCACACCATGGGAGTGGGTTGCACCAGAAGTAGATAGCTTA
ACCTTCGGGAGGGCGTTTACCACGGTGTGATTCATGACTGGGGTGAAGTC
GTAACAAGGTAAGCCGT

共测到 1499 个碱基，用 BLAST 将菌株 H1 的 16S rDNA 与 GenBank 数据库中现有数据进行同源性比较，发现菌株 H1 与气单胞菌 *Aeromonas* sp. 具有 99% 的同源性。

（3）系统发育树

将菌株 H1 的 16S rDNA 序列与 GenBank 数据库中的基因序列同源性较高的细菌种属进行 Blast 比对，比对结果采用 Mega4.0 软件进行系统发育树的构建，结果如图 7-6 所示。

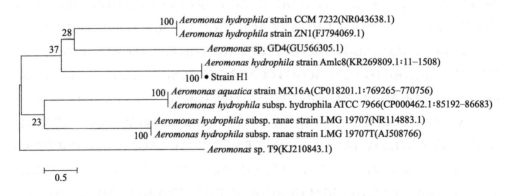

图 7-6　菌株 H1 基于 16S rDNA 基因序列的系统发育树

图 7-6 是根据菌株 H1 的 16S rDNA 序列与相关属种序列构建的系统发育树。由图可知，菌株 H1 在进化树上和嗜水气单胞菌（*Aeromonas hydrophila* strain）处于同一分枝，且与 *Aeromonas hydrophila* strain Amlc8 的相似性达到 100%，结合形态学实验的鉴定结果，可以判定实验分离到菌株为嗜水气单胞菌 *Aeromonas hydrophila* strain，命名为 *Aeromonas hydrophila* strain H1，并将菌株 H1 作为后期实验研究菌株。

7.3.4　菌株 H1 投加量对含铅废水处理效果的影响

菌株 H1 投加量对 Pb^{2+} 吸附的影响如图 7-7 所示。

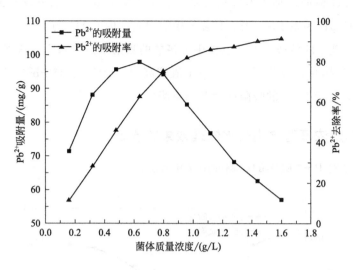

图 7-7　菌株 H1 投加量对 Pb^{2+} 吸附的影响

由图 7-7 可知，随着菌体投加量的增加，菌株 H1 对 Pb^{2+} 的去除率逐渐增大，而吸附量先增加后减少，在 C_b 为 0.64g/L 时达到了最大值 97.88mg/g，因此菌体投加量对 Pb^{2+} 吸附有着明显的影响。

7.3.5　pH 值对含铅废水处理效果的影响

pH 值对 Pb^{2+} 吸附的影响如图 7-8 所示。

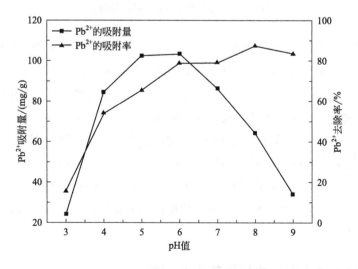

图 7-8　pH 值对 Pb^{2+} 吸附的影响

由图 7-8 可知，pH 值在 3～6 时，菌株 H1 对 Pb^{2+} 的吸附量逐渐增加，在 pH 值为 6 时，吸附量达到最高值 103.28mg/g。同样地，Pb^{2+} 去除率的变化和吸附量相似，随着 pH 值的增加先升高后降低，在 pH 值为 8 时，去除率达到 87.39%，表明溶液中的 pH 值对 Pb^{2+} 去除有着直接的影响。由于 H^+ 与 Pb^{2+} 间存在着竞争吸附的关系，当 pH 值较低时，水体中大多数的吸附位点会被 H^+ 占据，从而减少了对 Pb^{2+} 的吸附量；与此同时，当 pH 值较高时，OH^- 会与 Pb^{2+} 相结合形成氢氧化物沉淀，从而 Pb^{2+} 的吸附能力开始下降。

7.3.6 初始浓度对含铅废水处理效果的影响

初始浓度对 Pb^{2+} 吸附的影响如图 7-9 所示。

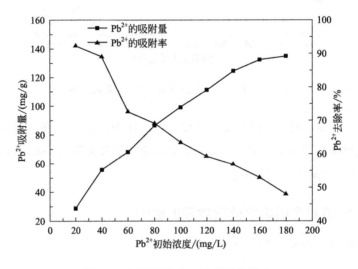

图 7-9　初始浓度对 Pb^{2+} 吸附的影响

由图 7-9 可知，当 C_i(Pb^{2+}) 为 20mg/L 时，Pb^{2+} 去除率为 92.27%；当 C_i(Pb^{2+}) 为 40mg/L 时，Pb^{2+} 去除率稍有下降，但仍可达到 89.11%。且在最佳条件下 Pb^{2+} 最大吸附量为 134.76mg/g。当 Pb^{2+} 初始浓度逐渐增加时，菌株对 Pb^{2+} 的吸附逐渐达到饱和，去除率逐渐降低，但吸附量逐渐上升。表明在 Pb^{2+} 浓度较低时，溶液中存在的 Pb^{2+} 的量少于细菌细胞表面的吸附位点，因此 Pb^{2+} 被吸附的百分比相对较大，反之则会较小。由于菌体的量一定，随着 Pb^{2+} 浓度增长，Pb^{2+} 与细菌菌体表面吸附位点的碰撞机会必定增加，从而提高了菌体对 Pb^{2+} 的吸附量。但是由于菌体吸附具有一定的饱和性，当 Pb^{2+} 初始浓度进一步增加时，其 Pb^{2+} 吸附量的增大幅度则逐步减小。

7.3.7 温度对含铅废水处理效果的影响

在不同的温度条件下进行吸附实验，温度对 Pb^{2+} 吸附的影响如图 7-10 所示。

由图 7-10 可知，Pb^{2+} 吸附量的变化与 Pb^{2+} 去除率很相似，当 20~30℃ 时，菌体对 Pb^{2+} 吸附量随着温度的升高而增加，在 30℃ 时吸附量达到最大值

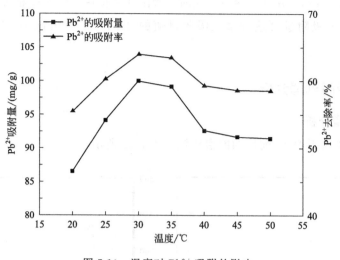

图 7-10 温度对 Pb^{2+} 吸附的影响

99.94mg/g；但是当温度继续升高时，菌体对 Pb^{2+} 的吸附量开始逐渐减少；菌体受低温的影响较大，且在 20℃时吸附量低至 86.57mg/g。由此可知，当温度低于常温时，菌体减缓了对 Pb^{2+} 的生物吸附；而当温度高于 40℃时，过高的温度则又会影响细胞膜的结合能力，进一步阻止了 Pb^{2+} 的吸附，从而降低了 Pb^{2+} 的吸附能力。

7.3.8 吸附动力学实验

为了进一步研究菌株 H1 吸附 Pb^{2+} 的动力学规律，绘制了吸附时间与吸附量的关系曲线如图 7-11 所示。

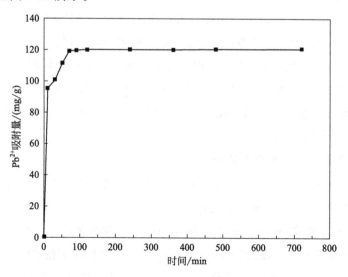

图 7-11 吸附时间对 Pb^{2+} 吸附影响

由图 7-11 可知，在开始接触反应时，吸附速率很快，尤其在起初的 30min 内，菌体对 Pb^{2+} 的吸附量可达到最大吸附量值的 83.40%，90min 时 Pb^{2+} 吸附达到平衡。

7.3.9 吸附机理分析

（1）能谱分析

菌株 H1 吸附 Pb^{2+} 前后的能谱比较如图 7-12 所示。

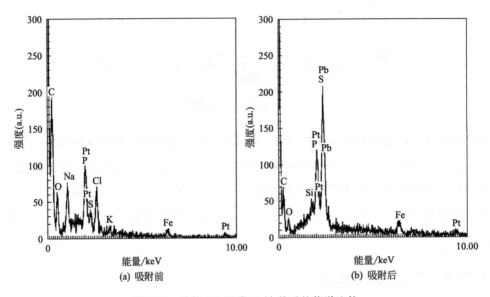

图 7-12　菌株 H1 吸附 Pb^{2+} 前后的能谱比较

如图 7-12(a) 所示，吸附反应前，在细菌表面可以检测到明显的 C、O、Na、P、S、Cl、K 峰（Fe 和 Pt 是导电胶或样品喷金成分）。如图 7-12(b) 所示，吸附 Pb^{2+} 后的能谱图中产生了强烈的 Pb 峰，且细胞表面始终保留了 C、O、P、S 峰，而 Na、Cl、K 峰则消失或低于检测限。可以认为 P、S 在吸附 Pb 和形成含 Pb 的沉淀过程中发挥了重要作用。因为 P 作为细胞表面组分，可能参与了铅的结合，S 在细胞表面则可能参与了铅的配位。与此同时，Na、K 等也可能参与了 Pb^{2+} 吸附过程，释放到溶液中。

（2）傅里叶变换红外光谱分析

菌株 H1 吸附 Pb^{2+} 前后傅里叶变换红外光谱图如图 7-13 所示，表明了吸附 Pb^{2+} 前后菌体细胞中官能基团的变化情况。

图 7-13 显示强宽峰 $3290cm^{-1}$ 为缔合 O—H 的伸缩振动峰，峰 $2940cm^{-1}$ 对应着 CH_2 的伸缩振动峰，峰 $2350cm^{-1}$ 为 CO_2 分子不对称伸缩振动峰，峰 $1650cm^{-1}$ 为酰胺 I 带中 C=O 的伸缩振动峰，峰 $1540cm^{-1}$ 为酰胺 II 带中 C—N 伸缩振动和 N—H 弯曲振动的伸缩振动峰，峰 $1410cm^{-1}$ 是与—NH_2 有关的吸收峰，峰

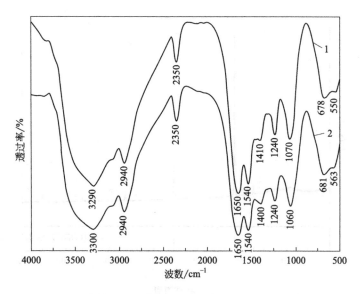

图 7-13　菌株 H1 吸附 Pb^{2+} 前后傅里叶变换红外光谱图

1—吸附前；2—吸附后

1240cm^{-1}为酰胺Ⅲ带是 N—H 弯曲振动和 C—N 伸缩振动峰，1000～1200cm^{-1}的吸收峰是 C—O—C 的伸缩振动峰，在 678cm^{-1}和 550cm^{-1}附近的吸收峰，由于指纹区的复杂性，进行吸附谱带的判断有一定的难度，这里不做分析。上述结果表明，菌株 H1 细胞组分中主要含有羟基、氨基、酰胺基、羰基、磷酸基等官能基团。

　　菌株 H1 吸附 Pb^{2+}后，红外光谱峰、峰强、峰高较为一致，主要的特征吸附峰没有明显的变化，只是在某些振动峰发生了位移，如谱带 3290cm^{-1}、1410cm^{-1}、1070cm^{-1}分别位移到 3300cm^{-1}、1400cm^{-1}、1060cm^{-1}处。由此可见，Pb^{2+}的吸附对菌体本身的结构并没有产生破坏，菌体对 Pb^{2+}的吸附以细胞表面吸附为主，通过细胞成分中羟基、氨基、羰基、磷酸基等活性基团与 Pb^{2+}发生络合作用。

　　(3) XRD 分析

　　菌株 H1 吸附 Pb^{2+}前后的 XRD 图谱如图 7-14 所示。

　　从图 7-14(a) 可知，在 $2\theta = 31.7°$和 $45.4°$处出现了特征峰，但是在吸附 Pb^{2+}后，几种特征峰都大幅度减弱，这可能是 Pb^{2+}与菌株 H1 细胞表面的活性基团发生了相互作用，在界面上形成了新的化学键。从图 7-14(b) 可知，菌株 H1 吸附 Pb^{2+}后，生成了新的含磷和铅的复合物，如 $Pb(PO_4)_2$、$Pb_5(PO_4)_3Cl$ 和 Pb_2O_3。因此，对于 Pb^{2+}的吸附机理可以表述为 Pb^{2+}首先结合菌株 H1 表面的羟基、羧基等官能团，形成络合物附着于细胞表面，接着与磷酸基团进一步反应，最后生成磷酸盐沉淀，从而有效去除了水溶液中 Pb^{2+}。

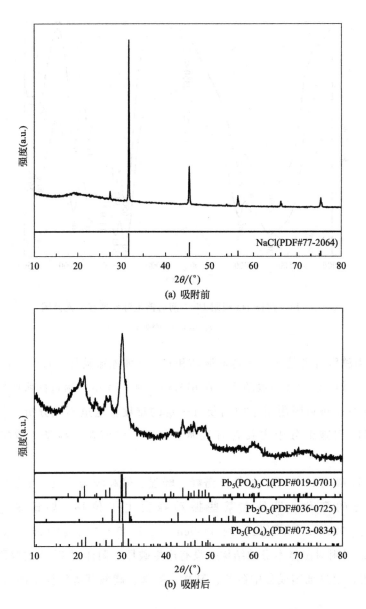

图 7-14　菌株 H1 吸附 Pb^{2+} 前后的 XRD 图谱

7.4　本章小结

以平板涂布和平板划线相结合的方法，从内蒙古呼和浩特市某污水处理厂污泥及某乳品企业废水中筛选出铅耐受性细菌 H1，并对其进行鉴定，研究该菌株 H1 的生长特性，实验结果如下：

①　经过分离纯化，筛选出 8 株对铅具有高耐受性的细菌，其中来源于乳品废水的菌株 H1 可耐受最高 Pb^{2+} 浓度达到了 500mg/L。根据菌株 H1 的生长曲线可

知该菌株生长良好,在 10h 左右进入对数期,36h 左右达到稳定期。

② 分析菌株 H1 16S rDNA 序列比对结果,菌株 H1 在系统进化树上与嗜水气单胞菌（*Aeromonas hydrophila strain*）处于同一分枝,且与 *Aeromonas hydrophila strain* Am1c8 的相似性达到 100%,可以判定菌株 H1 为嗜水气单胞菌 *Aeromonas hydrophila strain*,命名为 *Aeromonas hydrophila strain* H1。

菌株 H1 对含 Pb^{2+} 废水的处理及吸附机理研究的实验结果如下:

① 游离态菌株 H1 处理含 Pb^{2+} 废水:当 pH 6.0、Pb^{2+} 初始浓度为 20mg/L、菌体投加量为 0.64g/L、温度为 30℃、吸附时间为 30min 时,菌株 H1 对 Pb^{2+} 去除率达 92.27%。在最优条件下 Pb^{2+} 最大吸附量为 134.76mg/g。

② 在 30min 时,吸附量可达到最大值 83.40%,90min 后,吸附达到平衡。

③ 通过能谱分析,认为 P、S 对吸附 Pb^{2+} 和形成含 Pb^{2+} 沉淀有重要作用;与此同时,Na、K 等可能与吸附的 Pb^{2+} 进行交换过程,释放到溶液中。

④ 对 Pb^{2+} 吸附前后的傅里叶变换红外光谱图进行分析,Pb^{2+} 的吸附对菌体本身的结构并没有产生破坏,并且细菌菌体对 Pb^{2+} 的吸附以表面吸附为主,通过细胞成分中羟基、氨基、羰基、磷酸基等活性基团与 Pb^{2+} 发生络合作用。

⑤ 对 Pb^{2+} 吸附前后的 XRD 图谱可以得出:Pb^{2+} 首先结合菌株 H1 细胞表面的羟基、羧基等官能团,形成络合物附着于细胞表面,接着与磷酸基团进一步反应,最后生成磷酸盐沉淀,从而有效去除水溶液中的 Pb^{2+}。

参 考 文 献

[1] Aryal M., Liakopoulou-Kyriakides M. Bioremoval of heavy metals by bacterial biomass [J]. Environmental Monitoring & Assessment, 2015, 187 (1): 1-26.

[2] He J., Chen J. P. A comprehensive review on biosorption of heavy metals by algal biomass: materials, performances, chemistry, and modeling simulation tools [J]. Bioresource Technology, 2014, 160 (6): 67-78.

[3] Chen C., Lei W. R., Lu M., et al. Characterization of Cu (II) and Cd (II) resistance mechanisms in *Sphingobium* sp. PHE-SPH and *Ochrobactrum* sp. PHE-OCH and their potential application in the bioremediation of heavy metal-phenanthrene co-contaminated sites [J]. Environmental Science & Pollution Research International, 2016, 23 (7): 6861-6872.

[4] Rahman A., Nahar N., Nawani N. N., et al. Comparative genome analysis of *Lysinibacillus* B1-CDA, a bacterium that accumulates arsenics [J]. Genomics, 2015, 106 (6): 384-392.

[5] Gomes P. F., Lennartsson P. R., Persson N. K., et al. Heavy Metal Biosorption by *Rhizopus* sp. Biomass Immobilized on Textiles [J]. Water Air & Soil Pollution, 2014, 225 (2): 1834-1844.

[6] Limcharoensuk T., Sooksawat N., Sumarnrote A., et al. Bioaccumulation and bi-osorption of Cd (II) and Zn (II) by bacteria isolated from a zinc mine in Thailand [J]. Ecotoxicol Environ Saf, 2015, 122: 322-330.

[7] Michalak I. , Chojnacka K. , Witekkrowiak A. State of the art for the biosorption process-a review [J]. Applied Biochemistry & Biotechnology，2013，170 (6)：1389-1416.

[8] Vadivelan V. , Kumar K. V. Equilibrium. Kinetics，mechanism，and process design for the sorption of methylene blue onto rice husk [J]. J Colloid Interface Sci，2005，286 (1)：90-100.

[9] Alkan M. , Doğan M. , Turhan Y. , et al. Adsorption kinetics and mechanism of maxilon blue 5G dye on sepiolite from aqueous solutions [J]. Chemical Engineering Journal，2008，139 (2)：213-223.

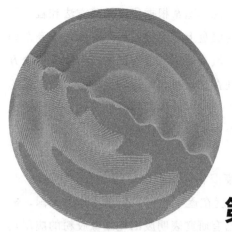

第8章

ARSIB生物吸附剂在处理含铅废水中的应用

生物吸附法中游离的微生物等生物材料因其机械强度低、稳定性差和固液分离难等问题极大地阻碍了其工业化的应用。因此，科研人员重点研究微生物等生物材料固定化技术，将适合重金属吸附的生物材料，利用固定化技术制备出合适尺寸的生物吸附剂，不但可以提高吸附剂的机械强度和处理效率，还具有良好的重金属耐受性、可重复使用性和固液分离效果好等优点。

固定化微生物技术是一种新型的生物工程技术，可选择性地挑选优势的重金属耐受菌种，利用物理或化学手段将特选的微生物固定于载体材料的内部或表面，并可以通过洗脱剂使其再生重复使用，并有效地利用它们，如应用于废水的处理等。固定化方法包括包埋法、吸附法、交联法和复合固定化法等，其中包埋法是应用最为广泛的固定化技术。包埋法就是通过利用载体材料特殊性能来将生物吸附材料包埋于多孔性介质中。利用包埋法制备球形生物吸附剂的优点是制备简单、设备操作方便、易于再生和重复利用次数多等优点，因此得到了广泛的应用与研究。

通常用于包埋的介质大多数为多孔材料，包括海藻酸钠（SA）、聚乙烯醇、壳聚糖、琼脂和纤维素等。海藻酸钠是一种来自海藻类的高分子聚合物，既可以直接作为吸附重金属的吸附剂，还可以作为固定化细胞的载体，可通过大量的官能团如羧基和羟基等与重金属离子发生反应从而吸附重金属离子。已有相关报道利用海藻酸钠包埋固定化微生物应用于废水处理。如辛蕴甜等利用海藻酸钠对有较强石油降解能力的芽孢杆菌 H-1 进行包埋固定化，并对比了游离悬浮菌株与固定化菌株对石油降解效率的影响，得出固定化菌株拥有更好的石油降解效率。

橡胶粉简称胶粉，是一种优质的可再生资源，通常根据研磨粉碎方法和粒度尺寸大小进行分类。在赛车、轿车和越野车等的底盘上喷涂橡胶粉，可大大提高柔韧性、减轻碰撞冲击和消除车体噪声等，对提高汽车使用寿命和保障人类生命安全方面上发挥了重要的作用。另外，已有研究发现在建筑材料的混凝土中掺入一定量的橡胶粉，可以使橡胶混凝土具有更好的弹性、抗裂性和保温隔热性等优点。除此之外，橡胶粉在道路、桥梁、隧道和铁路等建设工程中的应用也很广泛，具有很好的发展前景。

随着我国汽车使用量的不断增加，致使废旧轮胎的产生量也必然会快速增加。目前我国废旧轮胎的产生量仍以 6% 左右的速度在逐年递增，如今已超越美国，成为世界第一大废旧轮胎生产国。与此同时，已有研究表明废旧轮胎橡胶粉的应用具有很好的发展前景。因此，废旧轮胎橡胶粉的综合利用成为了研究人员重点研究的方向。

本章以菌株 H1 为吸附剂原材料，采用海藻酸钠及胶粉对其进行固定化，合成新型海藻酸钠-胶粉-固定菌体球状吸附剂（alginate-rubber powder-strain immobilized beads，ARSIB）。测试各固定化因素对 ARSIB 性能影响，通过正交实验确定 ARSIB 的最佳制备条件，利用 ARSIB 处理含 Pb^{2+} 废水，讨论不同因素对 Pb^{2+} 吸附效果的影响，确定了最佳吸附条件，并研究 ARSIB 吸附 Pb^{2+} 的吸附机理。

8.1 实验材料

8.1.1 材料

本实验所需生物吸附剂为菌株 H1 菌体，采用海藻酸钠及胶粉对其进行固定化，合成新型海藻酸钠-胶粉-固定菌体球状吸附剂。

8.1.2 试剂

实验所需试剂如表 8-1 所示。

表 8-1　实验所用的主要试剂与药品

药品名称	分子式	类别
牛肉膏	—	生化试剂
蛋白胨	—	生化试剂
琼脂粉	—	生化试剂
氯化钠	NaCl	分析纯
硝酸铅	$Pb(NO_3)_2$	分析纯
氢氧化钠	NaOH	分析纯
无水氯化钙	$CaCl_2$	分析纯

续表

药品名称	分子式	类别
硝酸	HNO_3	分析纯
盐酸	HCl	分析纯
六水硫酸锰	$MnSO_4 \cdot 6H_2O$	分析纯
海藻酸钠(SA)	$(C_6H_7NaO_6)_n$	分析纯
丙三醇(甘油)	$C_3H_8O_3$	分析纯
乙醇	C_2H_5OH	分析纯

8.2　试验方法

8.2.1　菌悬液制备

将 4℃条件下保存的菌株 H1 平皿于 37℃培养箱中活化 30min，接着在洁净台用无菌牙签从平皿中粘取一定量的菌株 H1 接种在液体培养基中，置于 30℃，180r/min 摇床中培养 48h 左右，使得 $OD_{600}=2.0$，然后以 8000r/min 离心 10min，去除上清液。用无菌水将离心沉淀的菌体洗涤 3 次，并重新悬浮于同培养液等体积的无菌水中，将其置于 4℃冰箱中保存备用。

8.2.2　ARSIB 制备

本实验采用包埋技术对实验菌株 H1 进行固定化，ARSIB 制备装置如图 8-1 所示，ARSIB 制备流程如图 8-2 所示。

图 8-1　ARSIB 制备装置

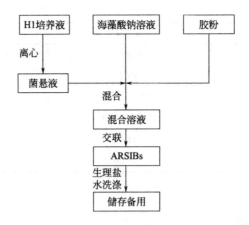

图 8-2　ARSIB 制备流程

(1) 离心

将培养 48h 的细菌培养液装入无菌离心管中，离心 10min 并去上清，留下菌体；用与培养液等量的无菌水冲洗菌体并摇匀，制成细菌悬液。

(2) 混合

将海藻酸钠溶液、胶粉与菌悬液三者充分混合。

(3) 交联

将混合液通过蠕动泵滴入已配置好的 $CaCl_2$ 溶液中形成 ARSIB，交联一段时间以提高其机械强度，然后将成型的凝胶微球过滤取出。

(4) 生理盐水洗涤

用已灭菌的 0.9％的 NaCl 溶液冲洗若干次，备用。

8.2.3　各因素对 ARSIB 相关性能及去除率的测试

影响海藻酸钠固定化细菌的因素有很多，本实验主要研究海藻酸钠浓度、菌悬液添加量、胶粉添加量以及交联时间对于 ARSIB 物理性能的影响。ARSIB 物理性能的测试如下。

(1) 成球效果

用肉眼观察 ARSIB 微球大小、形状是否均匀完好。

(2) 机械强度

将制备好的 ARSIB 微球中选出 3 颗形态完好、大小均匀的小球，用滤纸吸干，呈三角形放于天平上，调零，用玻璃片对其缓慢挤压，以微球破碎时天平示数记为 ARSIB 微球的机械强度。

(3) 渗透时间

选取形态完好、大小均匀的 ARSIB 微球浸入红墨水中，每隔 4min 用镊子将球取出并剖开，记录 ARSIB 被红墨水完全渗透的时间。

(4) 破碎率

将待测 ARSIB 分别放入 100mL 无菌水的锥形瓶中，置于 30℃，180r/min 摇床中持续振荡，5d 后开始记录破碎颗数，此后每隔 5d 记录一次，最后计算出在 35d 时待测 ARSIB 微球的破碎率。

8.2.4　ARSIB 制备

为获得 ARSIB 的最佳制备工艺，以 Pb^{2+} 的去除率为主要指标，以固定化微球的成球效果、机械强度、渗透时间及破碎率为辅助指标，研究海藻酸钠浓度、菌悬液添加量、胶粉添加量以及交联时间的不同条件下对制备 ARSIB 的影响。根据单因素实验结果来选取合适的水平，分别记作 A、B、C 和 D，进行正交实验，以 Pb^{2+} 去除率为实验指标，探究 ARSIB 的最佳制备条件。

8.2.5　ARSIB 对铅离子吸附性能研究

(1) 吸附动力学研究

取 0.6g ARSIB 加入装有 50mL、初始浓度为 100mg/L Pb^{2+} 溶液的三角锥形瓶中，pH 值为自然值，然后将其放到 30℃、180r/min 的恒温振荡器中振荡吸附。在既定的时间取样，离心过滤后用原子分光光度计测定滤液中的 Pb^{2+} 含量，计算 Pb^{2+} 去除率。

(2) 等温吸附研究

取 0.6g ARSIB 加入装有 50mL 初始浓度分别为 40mg/L、60mg/L、80mg/L、100mg/L、150mg/L、200mg/L、250mg/L、300mg/L 的 Pb^{2+} 溶液的三角瓶中，pH 值为自然值，然后将其放到 30℃、180r/min 的恒温振荡器中振荡吸附 3h。离心过滤后利用原子分光光度计测定滤液中 Pb^{2+} 含量，并得出 Pb^{2+} 去除率。

(3) 不同因素对 ARSIB 吸附铅离子的影响

吸附实验采用 250mL 三角锥形瓶，加入 50mL 的 Pb^{2+} 溶液，当 Pb^{2+} 浓度为 100mg/L 时，分别考察吸附剂投加量、pH 值和温度对吸附效果的影响，其中 AR-SIB 投加量为 6g/L、12g/L、18g/L、24g/L、30g/L、36g/L、42g/L，pH 值为 3、4、5、6、7、8、9；温度为 10℃、15℃、20℃、25℃、30℃、35℃、40℃、45℃、50℃。

8.2.6　解吸与再生利用

本实验对生物吸附剂 ARSIB 进行了解吸实验研究。影响解吸与再生利用的因素有很多，下面将对其进行分析，确定出最佳解吸条件。方法如下：将 1.2g 的 ARSIB 加到 100mL 的 Pb^{2+} 浓度为 100mg/L 的模拟废水中，180r/min 振荡 3h，将吸附了 Pb^{2+} 的 ARSIB 用去离子水洗涤 2 次，弃上清液，分别加入 100mL 的

0.1mol/L 的 EDTA、HNO$_3$ 和 HCl，30℃ 振荡解吸 60min，取解吸液，测定 Pb^{2+} 含量。

8.3 结果与讨论

8.3.1 各因素对 ARSIB 固定化的影响

(1) 海藻酸钠浓度对固定化效果的影响

本实验选择浓度为 2.0%～8.0% 的海藻酸钠做包埋剂，各加入 100% 的菌液（即相对于海藻酸钠溶液体积比为 1:1，同理 150% 即为 3:2）和 3.2% 胶粉充分混合，通过蠕动泵滴入 3% CaCl$_2$ 溶液中交联 12h。海藻酸钠浓度对固定化影响如表 8-2 所示。

表 8-2　海藻酸钠浓度对固定化影响

海藻酸钠浓度 /%	成球效果	机械强度 /g	渗透时间 /min	破碎率 /%	Pb^{2+} 去除率 /%
2.0	成球形状不规则	—	—	—	—
3.0	成球形状规则、均匀	142.84	4	50.71	97.84
4.0	成球形状规则、均匀	294.87	8	32.14	96.53
5.0	成球形状规则、均匀	407.16	8	20.00	97.41
6.0	成球形状规则、均匀	564.55	12	8.57	96.65
7.0	成球形状规则、大小不一	726.53	12	3.57	96.56
8.0	成球大小不一、有拖尾	889.61	16	0	96.16

(2) 菌悬液添加量对固定化效果的影响

当海藻酸钠浓度确定时，菌悬液添加量过低，则 ARSIB 中包埋的菌株 H1 会减少，从而影响吸附能力，但菌悬液添加量过高则成球不规则。本实验选择海藻酸钠浓度为 4%，分别加入不同量的菌悬液与 3.2% 胶粉充分混合，将混合液滴入 3% CaCl$_2$ 溶液中交联 12h。菌悬液添加量对固定化影响如表 8-3 所示。

表 8-3　菌悬液添加量对固定化影响

菌悬液添加量 /%	成球效果	机械强度 /g	渗透时间 /min	破碎率 /%	Pb^{2+} 去除率 /%
25	大小不一，部分拖尾	674.61	12	2.14	95.67
50	成球形状规则、均匀	575.34	8	7.14	97.05
75	成球形状规则、均匀	490.77	8	10.71	97.28
100	成球形状规则、均匀	416.14	8	22.14	97.38
125	成球形状稍小、均匀	201.75	4	40.71	97.44
150	成球形状不规则	—	—	—	97.76

（3）胶粉添加量对固定化效果的影响

在 5% 海藻酸钠溶液加入体积比为 1∶1 的菌悬液，然后在加入不同比例的橡胶粉于混合液中并充分混合，滴入 3% $CaCl_2$ 溶液中交联 12h。胶粉添加量对固定化影响如表 8-4 所示。

表 8-4　胶粉添加量对固定化影响

胶粉添加量/%	机械强度/g	渗透时间/min	破碎率/%	Pb^{2+} 去除率/%
0.2	391.71	12	39.29	97.07
0.4	397.23	12	27.14	96.64
0.8	405.55	12	22.86	97.40
1.6	417.87	8	19.29	97.65
3.2	414.12	8	25.71	97.74
4.8	392.41	8	66.43	97.52
6.4	386.11	4	92.86	96.83

（4）交联时间对固定化效果的影响

在 4% 海藻酸钠溶液中添加体积比 1∶1 的菌悬液，混匀后滴入 3% $CaCl_2$ 溶液中，在 20℃ 生化培养箱中交联，每隔 6h 测定 ARSIB 机械强度、渗透性、破碎率以及 Pb^{2+} 去除率。交联时间对固定化影响如表 8-5 所示。

表 8-5　交联时间对固定化影响

交联时间/h	机械强度/g	渗透时间/min	破碎率/%	Pb^{2+} 去除率/%
6	315.11	8	35.71	97.24
12	416.57	8	21.43	97.43
18	475.78	8	15.00	97.43
24	560.81	8	12.14	97.45
30	571.42	8	10.00	97.49
36	594.17	8	7.14	97.58
42	630.78	12	3.57	97.14
48	640.32	12	1.43	96.64

8.3.2　ARSIB 制备最优配比

综合对比 ARSIB 的机械强度、渗透性、破碎率及 Pb^{2+} 去除率等性能的影响，确定以海藻酸钠浓度、菌悬液添加量、胶粉添加量和交联时间作为本正交实验的因素，分别记作 *A*、*B*、*C*、*D*，进行 4 因素 3 水平正交实验，其中正交实验因素水平如表 8-6 所示。

表8-6 正交实验因素水平

水平	试验因素			
	海藻酸钠浓度 A/%	菌悬液添加量 B/%	胶粉添加量 C/%	交联时间 D/h
1	3	50	1.6	12
2	4	75	3.2	24
3	5	100	4.8	36

以 Pb^{2+} 去除率为指标，进一步优化 ARSIB 制备条件，其正交实验结果和分析见表 8-7。由表中可见 $k_{A1} \neq k_{A2} \neq k_{A3}$，说明海藻酸钠浓度的水平变动对最优 ARSIB 制备有影响，因此，可根据 k_{A1}、k_{A2} 和 k_{A3} 大小关系来判断不同海藻酸钠浓度对 ARSIB 制备的影响大小。由表中可以看出实验指标为 Pb^{2+} 去除率，$k_{A2} > k_{A3} > k_{A1}$，可判断出 A_2 为 A 因素的最优水平，即 4% 海藻酸钠浓度为 ARSIB 制备最优水平。同理可得 B、C 和 D 因素的最优水平分别为 B_2、C_2 和 D_2。因此本实验 4 个因素最优水平组合为 $A_2B_2C_2D_2$。即 4% 海藻酸钠浓度、75% 菌悬液添加量、3.2% 胶粉添加量和交联 24h 为 ARSIB 制备的最优条件。

表8-7 正交实验结果和分析

实验编号	海藻酸钠浓度 A/%	菌悬液添加量 B/%	胶粉添加量 C/%	交联时间 D/h	实验结果 (Pb^{2+} 去除率)/%
1	3	50	1.6	12	95.93
2	3	75	3.2	24	98.14
3	3	100	4.8	36	95.33
4	4	50	3.2	36	96.59
5	4	75	4.8	12	97.72
6	4	100	1.6	24	98.26
7	5	50	4.8	24	97.19
8	5	75	1.6	36	98.02
9	5	100	3.2	12	96.35
均值 K_1	96.47	96.57	97.40	96.67	
均值 K_2	97.52	97.96	98.14	97.86	最优水平 $A_2B_2C_2D_2$
均值 K_3	97.19	96.65	96.76	96.65	
极差 R	1.05	1.39	1.38	1.21	
主次水平		$B > C > D > A$			
最优水平	A_2	B_2	C_2	D_2	
最优组合		$A_2B_2C_2D_2$			

正交实验还可对海藻酸钠浓度、菌悬液添加量、胶粉添加量、交联时间各因素影响进行综合评价。比较表 8-6 中极差 R 的大小，得出 $R_B > R_C > R_A > R_D$，即实验因素对最优 ARSIB 制备影响的主次顺序是 $BCAD$。即由表中可知，最大的极差

R_B 为 1.39，说明菌悬液添加量是影响最优 ARSIB 制备的最显著因素，其次影响分别是胶粉添加量、交联时间和海藻酸钠浓度。从各因素的水平上看，选择 $A_2B_2C_2D_2$ 为最佳组合，并选该组合为以下实验制备 ARSIB 的操作条件。

8.3.3　ARSIB 对含铅废水处理效果的影响

（1）pH 值对吸附 Pb^{2+} 的影响

取 50mL Pb^{2+} 初始浓度为 100mg/L 的溶液，其 pH 值分别调节到 3、4、5、6、7、8、9，加入 0.6g 吸附剂，30℃振荡吸附 180min，离心，取上清液测定 Pb^{2+} 浓度，考察 pH 值对 Pb^{2+} 吸附的影响，实验结果如图 8-3 所示。

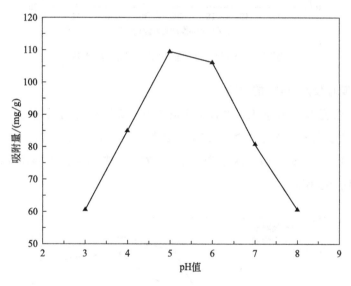

图 8-3　pH 值对 Pb^{2+} 吸附的影响

由图 8-3 可见，ARSIB 对 Pb^{2+} 的吸附随 pH 值的变化为：先增大后逐步减小，且存在最佳吸附的 pH 值。在 pH 值为 3 时，吸附量只有 60.61mg/g，可能由于 pH 值较低时，水体中大多数的吸附位点会被 H^+ 占据，从而减少了对 Pb^{2+} 的吸附量。pH 值在 4～6，ARSIB 具有不错的吸附效果，pH=5 时，单位吸附量达到最大值 109.53mg/g。但当 pH 值较高时，氢氧离子会与 Pb^{2+} 相结合形成氢氧化物沉淀，从而使 Pb^{2+} 的吸附能力开始下降。

（2）ARSIB 投加量对吸附 Pb^{2+} 的影响

本组实验研究不同 ARSIB 投加量对 Pb^{2+} 吸附的影响，实验结果如图 8-4 所示。

由图 8-4 可见，随着投加量的增加，ARSIB 对 Pb^{2+} 的单位吸附容量先增加后减少，在投加量为 12g/L 时，其吸附量最高为 107.04mg/g；与此同时，去除率随之逐渐增加，最高时去除率达 98.01%。其原因可能是由于 ARSIB 投加量的增加，增大了吸附表面积，给 Pb^{2+} 提供了更多的吸附位点，从而使去除率增加。

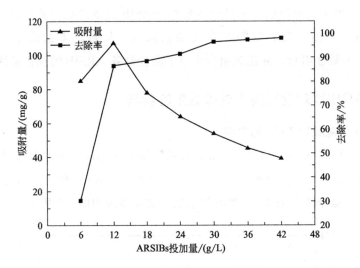

图 8-4　ARSIB 投加量对 Pb^{2+} 吸附的影响

（3）温度对吸附 Pb^{2+} 的影响

在 Pb^{2+} 浓度为 100mg/L、最佳 pH 值为 5、最佳吸附剂用量为 12g/L 的条件下，分别调节温度为 10℃、15℃、20℃、25℃、30℃、35℃、40℃、45℃、50℃，进行振荡、离心，收集上清液测定剩余 Pb^{2+} 浓度，考察温度对吸附 Pb^{2+} 的影响，实验结果如图 8-5 所示。

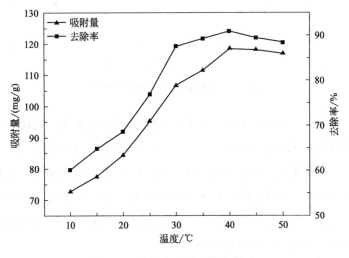

图 8-5　温度对 Pb^{2+} 吸附的影响

由图 8-5 可见，随着温度的升高，吸附剂对 Pb^{2+} 的吸附量及去除率均先升高后微下降，在 30℃时，Pb^{2+} 的吸附和去除率的增加趋势逐渐变缓，此时 Pb^{2+} 去除率可达 87.63%。当 ARSIB 在 40℃时，其吸附量和去除率均达到最大，分别为 118.5mg/g 和 90.89%。上述实验结果说明了：在一定的温度范围内，温度升高对 Pb^{2+} 的吸附是起促进作用的，但是超过该范围后，由于高温使得细菌中具有吸附作用的某些位点发生了变化，从而抑制了吸附过程。该实验最适合的吸附温度较高，这有利于将其应用到一些工业冶金等高温废水的实际应用中。由于在 30℃ 时其吸附效果相比最佳温度并未减少太多，且因其温度更接近实际的室温，故后续的研究采用 30℃ 来进行实验。

（4）吸附平衡及动力学实验

吸附平衡实验条件为：Pb^{2+} 初始浓度为 100mg/L，pH 值为 5，温度为 30℃，ARSIB 投加量为 12g/L，置于恒温振荡箱中 180r/min 振荡，在既定的时间点分别取样，过滤后测定溶液中剩余 Pb^{2+} 浓度。Pb^{2+} 吸附平衡曲线如图 8-6 所示。

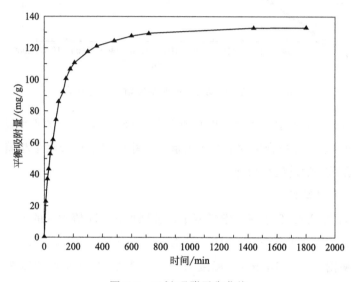

图 8-6　Pb^{2+} 吸附平衡曲线

由图 8-6 可见，吸附时间越长，Pb^{2+} 的吸附量越高，在前 180min 内，Pb^{2+} 的吸附呈快速增加的趋势。在 180min 时，Pb^{2+} 的吸附量达到 106.57mg/g，随后吸附速率逐渐平稳，在吸附接触 360min 时 Pb^{2+} 吸附达到平衡。开始时，Pb^{2+} 吸附量上升很快，是因为吸附剂吸附位点较多。随着吸附进行，吸附位点逐渐减少，Pb^{2+} 吸附量上升速率减缓。在吸附时间为 180min 时，其 Pb^{2+} 吸附量可达平衡吸附量 90% 上下，相差不大。所以以下实验所设定的吸附时间为 180min。

吸附动力学模型可以模拟 ARSIB 吸附过程中 Pb^{2+} 从废水中扩散到生物吸附剂 ARSIB 表面及内部的轨迹。本实验采用准一阶动力学方程和准二阶动力学方程对上述的实验数据进行模拟研究，结果见表 8-8 和图 8-7。

表 8-8　准一阶和准二阶反应动力学参数

初始浓度 /(mg/L)	q_e 实验 /(mg/g)	准一阶动力学			准二阶动力学		
		$k_1 \times 10^2$ /min^{-1}	q_e /(mg/g)	R^2	$k_2 \times 10^4$ /[g/(mg·min)]	q_e /(mg/g)	R^2
100	136.87	1.15	126.27	0.977	1.23	138.12	0.999

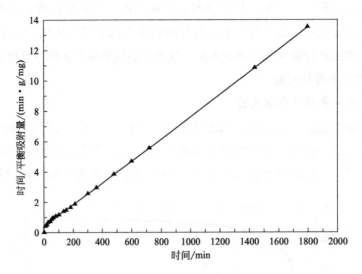

图 8-7　准二阶动力学模型的吸附反应动力学

可以看出，准二阶动力学方程可以更好地拟合 ARSIB 对 Pb^{2+} 的吸附过程，其相关系数高达 0.999，而且拟合出的平衡吸附量与实验所得平衡吸附量相差不大，这表示该模型与实际吸附过程相吻合。

(5) 吸附等温实验

称取 0.6g 的 ARSIB 于三角锥形瓶中，分别加入 pH 值为 5 的 50mL 40mg/L、60mg/L、80mg/L、100mg/L、150mg/L、200mg/L、250mg/L、300mg/L 含 Pb^{2+} 溶液，吸附时间为 180min，温度为 30℃，考察 Pb^{2+} 初始浓度对去除率和吸附量的影响，结果如图 8-8 所示。

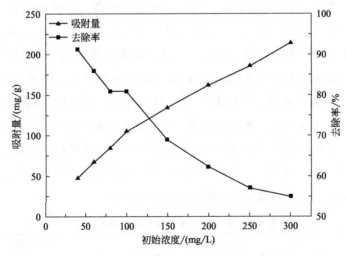

图 8-8　Pb^{2+} 浓度对 Pb^{2+} 吸附的影响

由图 8-8 可见，Pb^{2+} 初始浓度从 40mg/L 增加到 300mg/L，吸附容量则从

24.65mg/g 增加到 214.23mg/g。随着 Pb^{2+} 初始浓度的升高，Pb^{2+} 吸附量升高而去除率开始逐渐降低，原因可能是由于吸附剂的吸附位点有限造成的，当溶液浓度较低时，Pb^{2+} 可以完全吸附在吸附位点上；当浓度较高时，吸附位点就不足以满足 Pb^{2+} 吸附的需要，导致去除率降低。此外，Pb^{2+} 和吸附剂在较高 Pb^{2+} 浓度条件下增加了接触机会，且随着 Pb^{2+} 浓度增大时，浓度差增大，克服了吸附剂的传质阻力，加速了与吸附剂的碰撞，对吸附过程产生促进作用。结合吸附量和去除率综合考虑，本实验选择的最佳溶液浓度为 100mg/L。

ARSIB 在 30℃ 条件下对 Pb^{2+} 的 Freundlich 吸附等温线模型如图 8-9 所示。

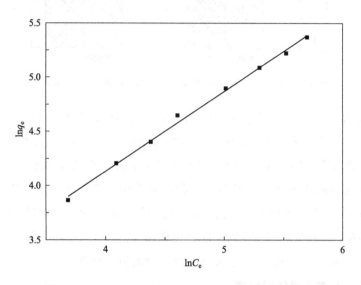

图 8-9　ARSIB 对 Pb^{2+} 的 Freundlich 吸附等温线模型

本实验采用 Langmuir 方程和 Freundlich 方程两种吸附等温线模型对数据进行拟合，拟合结果如表 8-9 所示。

表 8-9　ARSIB 吸附 Pb^{2+} 的吸附等温线模型参数

生物吸附剂	Langmuir 吸附等温线模型			Freundlich 吸附等温线模型		
	q_{max}/(mg/g)	K_L/(L/mg)	R^2	K_F/(mg/g)	n	R^2
ARSIB	450	0.0029	0.981	3.2780	1.3579	0.994

可以看出，ARSIB 对 Pb^{2+} 的吸附过程用 Freundlich 吸附等温线模型比 Langmuir 吸附等温线模型具有更高拟合系数（0.994＞0.981），表明 ARSIB 对 Pb^{2+} 的吸附过程属于多层吸附，符合非均质固体表面的吸附过程。

8.3.4　解吸与再生利用分析

（1）解吸剂选择

本书选用 EDTA、HNO_3 和 HCl 做解吸剂，解吸与去除效果如图 8-10 所示。

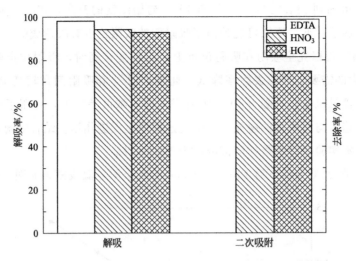

图 8-10　EDTA、HNO$_3$ 和 HCl 对 Pb^{2+} 的解吸与去除效果

结果表明 EDTA、HNO$_3$ 和 HCl 对 Pb^{2+} 的解吸率分别为 98.12％、94.37％和 92.61％。EDTA 解吸效果最佳，当 EDTA 解吸后的 ARSIB 再利用时，ARSIB容易破碎。其原因可能是 EDTA 将 ARSIB 骨架中的 Ca^{2+} 螯合而使 ARSIB 中难溶于水的海藻酸钙的部分转变为可溶于水的海藻酸钠，从而导致 ARSIB 溶解破碎。HNO$_3$ 和 HCl 的解吸效果相当，且在解吸过程中 ARSIB 并未溶解与破碎，同时对HNO$_3$ 和 HCl 的解吸后的 ARSIB 进行再吸附实验，1h 后其去除率分别稳定在75.91％和 74.67％。因此，选用 HNO$_3$ 做解吸剂更为合适。

（2）解吸剂浓度对解吸影响

将 1.2g 的 ARSIB 投加到 100mL Pb^{2+} 浓度为 100mg/L 的模拟废水中，30℃、180r/min 振荡 3h，将吸附了重金属的 ARSIB 用去离子水洗涤 2 次，弃上清液，分别加入 100mL 不同浓度的 HNO$_3$，30℃振荡解吸 60min，取解吸液，测定 Pb^{2+} 含量，计算解吸率。HNO$_3$ 浓度对解吸的影响如图 8-11 所示。

结果表明在本研究设定的浓度范围内，HNO$_3$ 浓度对 Pb^{2+} 吸附的影响不大。HNO$_3$ 浓度从 0.1mol/L 变化到 0.9mol/L，HNO$_3$ 对 Pb^{2+} 的最大解吸率为97.31％，最小解吸率为 94.37％，相差仅 2.94％。因此，综合考虑解吸率和处理成本，HNO$_3$ 浓度选 0.1mol/L 较为合适。

（3）时间对解吸的影响

实验采用 0.1mol/L 的 HNO$_3$ 为 Pb^{2+} 的解吸剂，考察了不同解吸时间对 Pb^{2+}解吸效果的影响，实验结果如图 8-12 所示。

结果表明，解吸时间为 10min 时，HNO$_3$ 对 Pb^{2+} 解吸率达 32.33％。此后，随着解吸时间的增加，Pb^{2+} 解吸率也随之增加，在解吸时间为 60min 时解吸率达到最大值 94.27％。但是，当继续增加解吸时间时，解吸率反而开始呈现下降趋

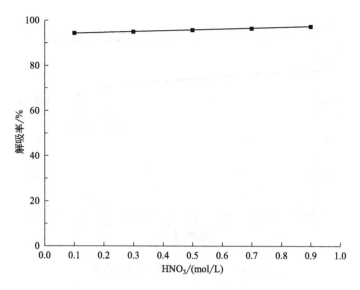

图 8-11　HNO_3 浓度对 Pb^{2+} 解吸率的影响

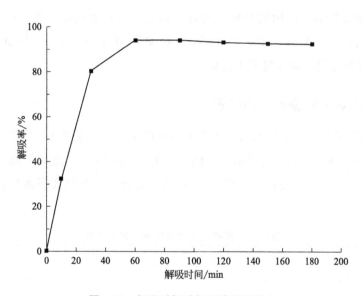

图 8-12　解吸时间对解吸效果的影响

势，这可能由于在解吸附过程中有脱附现象产生。因此，解吸时间选择 60min 最为合适。

8.3.5　ARSIB 重复利用性

ARSIB 可重复利用性对降低运行费用起到重要作用，同时达到回收重金属的目的，对固定化技术能否工业化应用也有着重要影响。条件：pH 值为 5，吸附温度为 30℃，吸附剂量为 12000mg/L，吸附时间为 3h，ARSIB 的吸附-解吸附次数如图 8-13 所示。

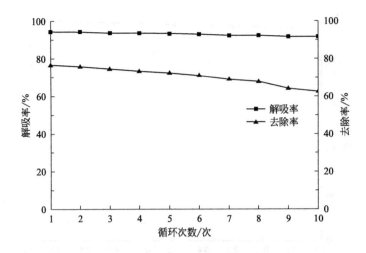

图 8-13 ARSIB 的吸附-解吸附次数

ARSIB 重复使用 10 次后仍具有很好的解吸效果，其解吸率仍可达到 91.68%。经过 10 次解吸附后，吸附效果依然较好，其在第 1 次使用时，对 Pb^{2+} 去除率为 76.64%，经过 10 次循环后，其 Pb^{2+} 去除率仍可达 62.42%。因此可以看出 ARSIB 具有很好的再生重复利用价值。

8.3.6　实际工业废水吸附处理

本实验所用实际工业废水取于内蒙古包头市某稀土工业园区，该水样经分析测定，主要含有 Pb^{2+}，Zn^{2+}、Mn^{2+}、Cu^{2+}、Cd^{2+} 和 Fe^{2+}，测得水样初始 pH 值为 5.5。加入 12g/L ARSIB，吸附 3h 后，测定溶液中重金属离子浓度，废水处理效果如表 8-10 所示。

表 8-10　某稀土工业园区废水处理效果

项目	Pb	Cu	Zn	Cd	Fe	Mn
处理前浓度/(mg/L)	14.175	0.881	21.687	0.028	0.229	10.821
处理后浓度/(mg/L)	1.825	0.309	14.525	0	0	3.791
去除率/%	87.13	64.93	51.47	100	100	64.92

由表 8-10 可见，对于低浓度的 Cd^{2+} 和 Fe^{2+} 去除率达到了 100%，对于 Pb^{2+}、Zn^{2+}、Mn^{2+} 和 Cu^{2+} 去除率分别达到 87.13%、51.47%、64.92% 和 64.93%。结果表明，ARSIB 对于工业实际废水处理具有较好的应用潜力。

8.3.7　吸附机理分析

(1) 能谱分析

为了证实 Pb^{2+} 吸附在 ARSIB 上元素组成变化，利用能谱分析仪测定了

ARSIB 吸附 Pb^{2+} 前后元素变化，其实验结果如图 8-14 所示。

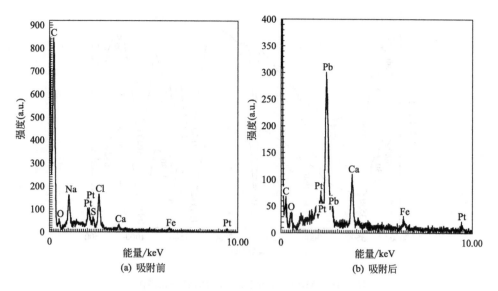

图 8-14　ARSIB 吸附 Pb^{2+} 前后的能谱比较

通过对比图 8-14(a) 和图 8-14(b)，发现吸附 Pb^{2+} 后的能谱图中有明显铅峰出现，可以确定生成物中含有 Pb^{2+} 沉淀物质。此外，在吸附 Pb^{2+} 反应前，在 ARSIB 的粉末中可以检测到明显的 C、O、Na、P、S、Cl、Ca 峰（Fe 和 Pt 是导电胶或样品喷金成分），其中 O 和 C 元素为菌株 H1 及海藻酸钠的主要组成部分，P 和 S 则为细胞表面组分。在吸附 Pb 后，ARSIB 中始终保留了 C、O、Ca 峰，而 Na、P、S、Cl 峰则消失。可以认为 P、S 在吸附 Pb 和形成含 Pb 沉淀物的过程中发挥了重要作用。与此同时，Na、Ca 等也可能参与了吸附溶液中的 Pb^{2+} 吸附过程，释放到溶液中。

（2）傅里叶变换红外光谱分析

为了确定 ARSIB 在吸附 Pb^{2+} 的过程中起特定作用的功能基团，对 ARSIB 进行了傅里叶变换红外光谱分析，实验数据如图 8-15 所示。

峰 $3230cm^{-1}$ 对应着 O—H 和 N—H 官能团；峰 $2940cm^{-1}$ 对应着 CH_2 的伸缩振动峰；峰 $1660cm^{-1}$ 代表了 C ═N 键；$1440cm^{-1}$ 对应着—NH_2。除此之外，$1000\sim1200cm^{-1}$ 的吸收峰是所有已知糖类的特征峰范围，所以 $1080cm^{-1}$ 为糖类 C—O—H 的伸缩振动峰，同时其中有可能也包含 P—O—C 伸缩振动的贡献。

ARSIB 与 Pb^{2+} 吸附反应后的红外谱图主要有以下变化：ARSIB 中的峰 $2940cm^{-1}$（—CH）移动到了 $2920cm^{-1}$；峰 $1440cm^{-1}$（—NH）转移到了 $1420cm^{-1}$；与此同时，$1080cm^{-1}$ 的 C—O—H 伸缩振动峰转移到 $1040cm^{-1}$。此外，在 $3230cm^{-1}$ 处出现了一个新的吸收峰，该吸收峰对应着 O—H 和 N—H 官能团；ARSIB 中的峰 $1660cm^{-1}$（N ═O）消失不见，而对应出现了一个新的吸收峰，

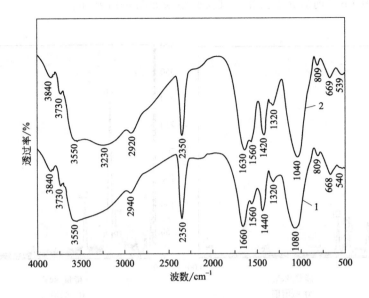

图 8-15　ARSIB 吸附 Pb^{2+} 前后的红外光谱图

1—吸附前；2—吸附后

$1630cm^{-1}$（—N=N—）。因此，ARSIB 吸收 Pb^{2+} 后其官能团的振动变化表明这些基团参与了吸附过程，且这些波数大多与含 N 的官能团相关，即 N 原子极有可能是 ARSIB 吸附 Pb^{2+} 主要的吸附位点。

（3）XRD 分析

通过 XRD 分析观察 ARSIB 的结构特点，ARSIB 吸附 Pb^{2+} 前后的 XRD 图谱如图 8-16 所示。

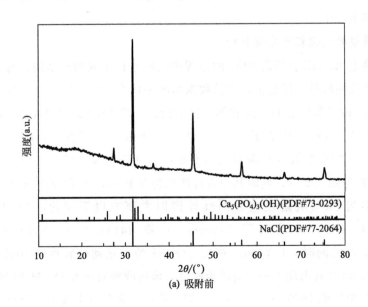

(a) 吸附前

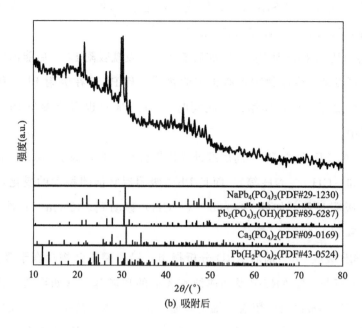

图 8-16　ARSIB 吸附 Pb^{2+} 前后的 XRD 图谱

在吸附 Pb^{2+} 前，在 $2\theta=45°$ 属于 NaCl 结构的 XRD 谱的宽带。在吸附 Pb^{2+} 后，在 $2\theta=22°$ 时 XRD 光谱中产生强烈的峰，这主要归因于铅磷酸盐［如 $Ca_3(PO_4)_2$ 和 $Pb_5(PO_4)_3(OH)$ 等］的产生。结果表明，铅和磷化合物存在于吸附 Pb^{2+} 后的 ARSIB 中。这些化合物可能是通过沉淀在吸附过程中产生的。因此，对铅的吸附机理，可能是 Pb^{2+} 与 ARSIB 及菌株 H1 细胞表面的功能基团（羟基和氨基等）发生了相互作用，形成络合物附着于细胞表面，接着与磷酸基团进一步发生反应，最后生成磷酸盐沉淀，从而有效地去除了水溶液中的 Pb^{2+}。

8.4　本章小结

① ARSIB 制备最佳条件为：4% 海藻酸钠、75% 菌悬液，3.2% 橡胶粉和 24h 交联时间。ARSIB 处理含 Pb^{2+} 废水最佳条件分别为：ARSIB 投加量为 12g/L，Pb^{2+} 初始浓度为 100mg/L，pH 值为 5.0，反应时间为 3h。

② ARSIB 对 Pb^{2+} 吸附过程中 Langmuir 吸附等温线模型的拟合系数（0.981）比 Freundlich 吸附等温线模型的拟合系数（0.994）低，表明此吸附过程更符合 Freundlich 吸附等温线模型；同时，对 Pb^{2+} 吸附动力学过程中准二阶动力学的拟合系数（0.999）比准一阶动力学的拟合系数（0.977）高，表明此吸附动力过程更符合准二阶动力学模型。

③ ARSIB 重复使用 10 次后仍具有很好的解吸效果，其解吸率仍可达到

91.68％。除此之外，ARSIB 对于某稀土工业废水中的 Pb^{2+}、Zn^{2+} 和 Mn^{2+} 去除率分别达到了 87.13％、64.93％和 64.92％。

④ 通过对比 ARSIB 吸附 Pb^{2+} 前后能谱图，发现吸附 Pb^{2+} 后能谱图中有明显铅峰出现，可以确定生成物中含有铅沉淀物质；且 P、S 在吸附 Pb^{2+} 和形成含铅沉淀物过程中发挥了重要作用；与此同时，Na、Ca 等也可能参与 Pb 吸附过程，释放到溶液中。

⑤ 通过 ARSIB 吸收 Pb^{2+} 前后红外光谱图分析比对，揭示 ARSIB 表面存在阴离子基团（如—CH、—NH 等）。而且 Pb^{2+} 吸附后官能团振动的变化，表明这些基团参与了吸附过程，如峰 $2940cm^{-1}$（—CH）移动到 $2920cm^{-1}$；峰 $1440cm^{-1}$（—NH）转移到 $1420cm^{-1}$ 等。

⑥ ARSIB 吸收 Pb^{2+} 前后 XRD 分析得出：铅和磷化合物存在于吸附 Pb^{2+} 后的 ARSIB 中。Pb^{2+} 与 ARSIB 及菌体细胞表面的功能基团（如羟基、氨基等）发生了相互作用后形成络合物附着于细胞表面，接着与磷酸基团进一步反应，最后生成磷酸盐沉淀，如 $Ca_3(PO_4)_2$ 和 $Pb_5(PO_4)_3(OH)$ 等，从而有效去除水溶液中的 Pb^{2+}。

本实验结果表明，ARSIB 处理含铅废水不仅具有更好的吸附能力，而且成本低，易于制备、环保和易回收利用等特点，在处理含重金属的工业废水中显示出良好的应用前景。除此之外，该研究也为其他重金属废水处理提供了理论依据与技术支撑。

参 考 文 献

[1] Nopcharoenkul W., Netsakulnee P., Pinyakong O. Diesel oil removal by immobilized *Pseudoxanthomonas* sp. RN402 [J]. Biodegradation, 2013, 24 (3): 387-397.

[2] 王玫，刘艳．固定化微生物处理有机废水的初步研究 [J]．广州化工，2014，42 (2)：105-106.

[3] 辛蕴甜，赵晓祥．芽孢杆菌 H-1 菌株的固定化及降解动力学研究 [J]．环境科学与技术，2013，36 (11)：67-73.

[4] Tan. W. S., Ting A. S. Efficacy and reusability of alginate-immobilized live and heat-inactivated *Trichoderma asperellum* cells for Cu(Ⅱ) removal from aqueous solution [J]. Bioresource Technology, 2012, 123 (123): 290-295.

[5] Vadivelan V., Kumar K. V. Equilibrium, kinetics, mechanism, and process design for the sorption of methylene blue onto rice husk [J]. J Colloid Interface Sci, 2005, 286 (1): 90-100.

[6] 秦丽姣．固定化石油降解菌的制备及其性能表征 [D]．北京：中国石油大学，2011.

[7] 蒋元继，唐亚，刘本洪，等．香菇菌渣吸附水溶液中重金属铅的研究 [J]．西南农业学报，2010，23 (5)：1615-1619.

[8] Sönmezay A., Öncel M. S., Bektaş N. Adsorption of lead and cadmium ions from aqueous solutions

using manganoxide minerals [J]. Transactions of Nonferrous Metals Society of China，2012，22 (12)：3131-3139.

[9]　张静进，刘云国，张薇，等. 海藻酸钠包埋活性炭与细菌的条件优化及其对 Pb(Ⅱ) 的吸附特征研究 [J]. 环境科学，2010，31 (11)：2684-2690.

[10]　Alkan M.，Doĝan M.，Turhan Y.，et al. Adsorption kinetics and mechanism of maxilon blue 5G dye on sepiolite from aqueous solutions [J]. Chemical Engineering Journal，2008，139 (2)：213-223.

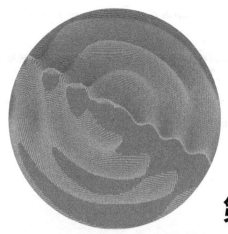

第9章

超声技术在生物吸附处理含铅废水中的应用

　　超声辅助技术在废水处理中逐步得到应用，被认为是一种经济有效、环境友好的方法。已有文献对超声波技术用于废水处理进行了总结，提出超声波技术具有运用简便性和有效性，认为超声波技术未来发展方向之一是与其他处理方法联用。因此，本章针对超声波技术在生物吸附剂改性方面做了相关研究。

　　在静态吸附对比实验中，分别获得生物吸附剂在超声与对照时的最优条件，指出超声相比对照的优势。通过动力学模型、吸附等温线模型和表征手段（SEM 和 FTIR）研究生物吸附机制，另外，对实际工业废水进行处理以验证实验效果。

9.1　实验材料

9.1.1　材料

（1）样品来源

核桃壳、平时收集的废弃物。

（2）实际废水

来源于内蒙古包头市某稀土工业园区工业废水。

（3）聚乙烯泡沫颗粒

购于上海某公司。

实验所需主要试剂与药品如表 9-1 所示。

表 9-1　主要试剂与药品

仪器名称	分子式	类别
无水氯化钙	$CaCl_2$	分析纯
海藻酸钠(SA)	$(C_6H_7NaO_6)_n$	分析纯
三氯化铁	$FeCl_3$	分析纯
硫酸亚铁	$FeSO_4$	分析纯
氨水	$NH_3 \cdot H_2O$	分析纯
硝酸铅	$Pb(NO_3)_2$	分析纯
硝酸镉	$Cd(NO_3)_2$	分析纯
硝酸锌	$Zn(NO_3)_2$	分析纯
硝酸铜	$Cu(NO_3)_2$	分析纯

9.1.2　包埋剂

该实验采用海藻酸钠作为制备重金属铅离子的生物吸附剂包埋剂。

9.2　实验方法

9.2.1　生物吸附剂制备方法

废弃核桃壳用自来水冲洗，在干燥箱 80℃ 下，干燥 12h 后磨细过筛，在马弗炉 1000℃ 下，碳化 3h，再用 200 目筛子过筛得粉末，炭化的核桃壳粉即制得，放在自封袋备用。

制备磁性纳米颗粒（n-Fe_3O_4）使用共沉淀法。在三口烧瓶中，加去离子水至 250mL，在 60℃ 下搅拌 30min，然后添加 5.41g 的 $FeCl_3 \cdot 6H_2O$，混合物在氮气环境下，搅拌 30min，之后再添加 3.34g $FeSO_4 \cdot 7H_2O$ 到混合物中，再搅拌 30min，然后逐滴加入 25% 的 $NH_3 \cdot H_2O$ 60mL，反应 2h，最终 n-Fe_3O_4 在外加磁场作用下，从水溶液中分离，再用去离子水冲洗若干次，在干燥箱 80℃ 下，干燥 12h，放在自封袋中备用。

在电子恒温不锈钢水浴锅中，将烧杯中的去离子水加热到 80℃，从中量取 100mL 去离子水于烧杯，在烧杯中加入 2.5g 海藻酸钠，快速搅拌 3min，使其混匀；再在混合物中先后加入 5g 的炭化核桃壳粉和 1g 磁性纳米颗粒，搅拌均匀后，通过蠕动泵软管慢慢滴入 3% 的氯化钙溶液中，交联 1h，即可制得本实验生物吸附剂。

9.2.2　实验方法

生物吸附剂对 Pb^{2+} 吸附实验在超声与对照下进行。在体积为 100mL 的 Pb^{2+}

溶液中，考察影响因素：pH值为3.0~7.0，吸附剂量为300~4000mg，反应时间为5~480min，反应温度为15~35℃，Pb^{2+}初始浓度为50~400mg/L。超声处理在超声波清洗机水溶液中进行，而对照在170r/min的震荡培养箱中进行。

实验过程如下：在一定条件下进行批量优化实验，吸附完成后经5000r/min离心15min，取上清液用原子吸光分光光度计测定残留Pb^{2+}浓度，每组设3个平行样，最后取平均值。

(1) pH值对吸附的影响

将$C_0(Pb^{2+})$为100mg/L的溶液用1mol/L的HCl（或NaOH）调节pH值至3.0、4.0、5.0、6.0和7.0，分别加入0.1g/L的吸附剂，在室温条件下吸附反应240min，收集上清液，离心并过滤，测定残留Pb^{2+}浓度C_f。

(2) 吸附剂投加量对吸附的影响

在$C_0(Pb^{2+})$为100mg/L溶液中，加入吸附剂量W分别为300mg/L、500mg/L、1000mg/L、2000mg/L、3000mg/L和4000mg/L，在pH值6.0、室温条件下吸附反应240min，收集上清液，离心并过滤，测定残留Pb^{2+}浓度C_f。

(3) 反应时间对吸附的影响

在$C_0(Pb^{2+})$为100mg/L的溶液中加入0.1g吸附剂，在pH值6.0，室温条件下吸附反应5min、10min、30min、60min、120min、180min、240min、300min、360min、420min和480min，收集上清液，离心并过滤，测定残留Pb^{2+}浓度C_f。

(4) 反应温度对吸附的影响

在$C_0(Pb^{2+})$为100mg/L的溶液中加入0.1g吸附剂，在pH值6.0，温度为15℃、20℃、25℃、30℃和35℃条件下吸附反应240min，收集上清液，离心并过滤，测定残留Pb^{2+}浓度C_f。

(5) 初始Pb^{2+}浓度对吸附的影响

在$C_i(Pb^{2+})$为50mg/L、100mg/L、150mg/L、200mg/L、250mg/L、300mg/L、350mg/L和400mg/L的溶液中，分别加入0.1g吸附剂，在pH值6.0、室温条件下吸附反应240min，收集上清液，离心并过滤，测定残留Pb^{2+}浓度C_f。

9.3 结果与讨论

9.3.1 生物吸附剂对水溶液中铅的吸附条件优化

(1) pH值对铅离子吸附影响

不同pH值下的吸附容量如图9-1所示。在超声与对照处理下，Pb^{2+}吸附容量随pH值变化趋势基本相同。pH值为3.0~7.0时，Pb^{2+}吸附容量随pH值升高而增大；但pH值为6.0~7.0时，吸附容量增大较小。可能原因是低pH值时，溶液中 H$^+$ 会与 Pb^{2+} 竞争吸附，而当 pH 值上升到某一值后，Pb^{2+} 又会以不溶解的氧化物、氢氧化物微粒的形式存在。超声处理下，pH 值为 6.0 时，吸附容量相比对照处理提高近 30%。吸附容量增大可能是由于吸附剂在激烈振动中，形成和暴露了更多吸附位点。综上所述，说明超声处理有利于 Pb^{2+} 吸附，最后选择 pH 值为 6.0 时，进行后续吸附实验。

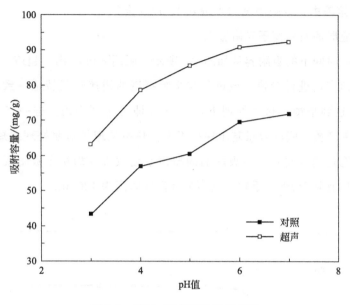

图 9-1　不同 pH 值下的吸附容量

(2) 吸附剂投加量对铅离子吸附影响

不同吸附剂量下的吸附容量如图 9-2 所示。图中实心点数据表示吸附容量，虚心点数据表示去除率。

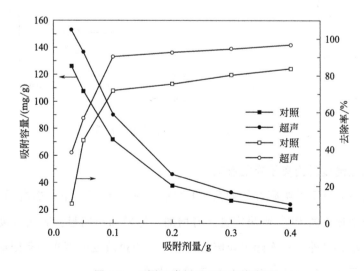

图 9-2　不同吸附剂量下的吸附容量

超声与对照处理下，溶液中 Pb^{2+} 的去除率和吸附容量显示出相反的变化趋势。吸附剂加入量在 0.1g 时，去除率分别达到 95% 和 74%，之后加入多的吸附剂，去除率并未有大的提升。可能原因是：在恒定浓度和溶液体积下，Pb^{2+} 数量有限，少量吸附剂的吸附位点就可完成吸附。超声比对照处理效果好，可能是由于吸附剂产生周期性压缩和扩张，使与 Pb^{2+} 的结合概率增大。最后在 100mL Pb^{2+} 浓度为 100mg/L 的溶液中，取吸附剂加入量 0.1g 时最佳。

（3）反应时间对铅离子吸附影响

不同反应时间下的吸附容量如图 9-3 所示。吸附 60min 内，超声与对照处理下的吸附反应速率均进行较快，该过程与文献报道的快速吸附特征一致。对照处理下，240min 达到平衡；超声处理下，120min 即可达到平衡。进一步增加反应时间，吸附速率变慢，吸附容量基本保持不变。超声处理较对照处理缩短 2h 达到平衡。原因可能是超声波对生物吸附剂的超声空化效应，加快了吸附反应速率。因此，超声处理有利于 Pb^{2+} 吸附，超声最优反应时间为 120min。

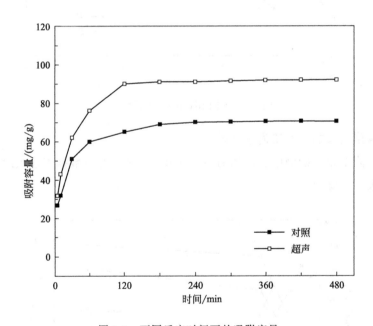

图 9-3 不同反应时间下的吸附容量

（4）反应温度对铅离子吸附影响

不同反应温度下的吸附容量如图 9-4 所示。在 15～35℃下，随着温度的上升，超声与对照处理下的 Pb^{2+} 吸附容量略有增加，但增加不明显，表明温度对吸附反应的影响较小。另外，在实际工业废水处理中，通过改变温度实现吸附能力的增加不切实际。因此，最终选择室温 25℃下进行吸附。

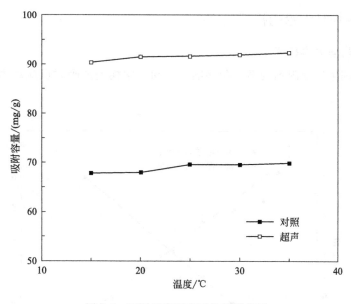

图 9-4　不同反应温度下的吸附容量

（5）初始铅离子浓度对铅离子吸附影响

不同初始浓度下的吸附容量如图 9-5 所示。超声与对照处理下，Pb^{2+} 的吸附容量均随着初始浓度的增加而升高。原因是 Pb^{2+} 初始浓度的增加导致液相与固相之间的浓度梯度变大，使吸附驱动力增加，从而使吸附容量增大。在 300mg/L 时，最大吸附容量非常接近，分别达到 161.37mg/g 和 163.42mg/g。表明无论是超声处理还是对照处理，生物吸附剂上的吸附位点已达饱和。

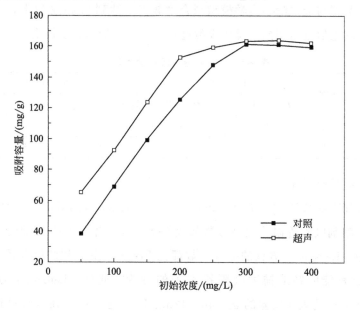

图 9-5　不同初始浓度下的吸附容量

9.3.2 生物吸附铅的机理研究

（1）吸附动力学研究

超声处理生物吸附剂的准一阶和准二阶动力学模型的吸附反应动力学如图 9-6 所示。

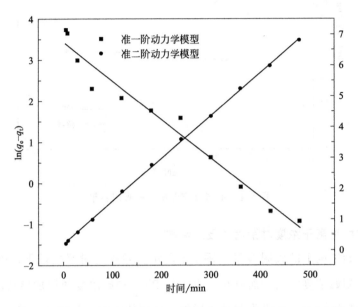

图 9-6　超声处理的准一阶和准二阶动力学模型的吸附反应动力学

生物吸附剂吸附动力学参数如表 9-2 所示。在超声与对照处理下，Pb^{2+} 吸附过程的实验数据与准二阶动力学模型拟合度较高，达到 0.9992 以上，且吸附容量的实验值与理论值近似相同，说明吸附过程符合准二阶动力学模型。

表 9-2　生物吸附剂吸附动力学参数

$q_{e,exp}$/(mg/g)	处理状态	准一阶动力学			准二阶动力学		
		k_1/min	$q_{e,1}$/(mg/g)	R^2	k_2/[g/(mg·min)]	$q_{e,2}$/(mg/g)	R^2
70.52	对照	0.0094	31.33	0.9619	0.0011	71.89	0.9994
91.51	超声	0.0295	65.46	0.9891	0.0006	92.56	0.9992

（2）等温吸附研究

超声处理吸附剂对 Pb^{2+} 的 Langmuir 和 Freundlich 吸附等温线模型如图 9-7 所示。生物吸附剂吸附等温线模型参数如表 9-3 所示。由表 9-30 可知无论是超声还是对照处理，Langmuir 方程的拟合系数都比 Freundlich 方程的拟合系数大，说明 Langmuir 方程能更好地描述吸附铅离子的行为。此外，Langmuir 方程理论的 q_m（177.23mg/L）均大于实验的 q_m（163.42mg/L），这是由于在实验过程中，理想条件无法达到，因而 Pb^{2+} 的理论最大吸附容量不可能达到。

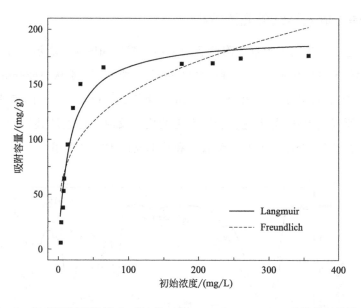

图 9-7　超声处理吸附剂对 Pb^{2+} 的 Langmuir 和 Freundlich 吸附等温线模型

表 9-3　生物吸附剂吸附等温线模型参数

$q_{e,exp}$/(mg/g)	处理状态	Langmuir 吸附等温线模型			Freundlich 吸附等温线模型		
		K_L/(L/mg)	q_{max}/(mg/g)	R^2	K_F	n^{-1}	R^2
161.37	对照	0.1089	174.76	0.9773	43.256	0.2603	0.7648
163.42	超声	0.1103	177.23	0.9826	47.098	0.2443	0.8235

9.3.3　扫描电镜分析

　　超声处理下，生物吸附剂吸附前后 SEM 图像如图 9-8 所示。吸附前，吸附剂表面凹凸不平，存在各种空隙和孔洞；吸附后，吸附剂表面粗糙且分布有大量颗粒状物质，这可能是吸附剂表面吸附了 Pb^{2+} 形成的晶体。

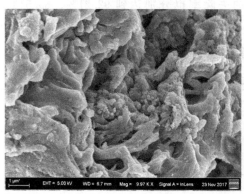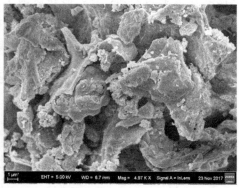

图 9-8　生物吸附剂吸附前后 SEM 图像

9.3.4 傅里叶变换红外光谱分析

超声处理下，生物吸附剂吸附前后的 FTIR 图像如图 9-9 所示。羟基、氨基的伸缩振动峰从 $3422cm^{-1}$ 迁移到 $3414cm^{-1}$；酰胺 I 带从 $1624cm^{-1}$ 迁移到 $1598cm^{-1}$；羧基的伸缩振动峰从 $1417cm^{-1}$ 迁移到 $1420cm^{-1}$，图谱中出现的迁移，可能的原因是 Pb^{2+} 与上述官能团发生的化学反应。综上所述，生物吸附剂在吸附 Pb^{2+} 的过程中羟基、氨基、酰胺基和羧基发挥了重要作用。

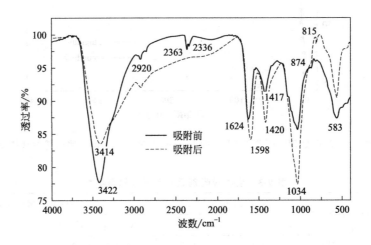

图 9-9　生物吸附剂吸附前后的 FTIR 图像

9.3.5 实际废水重金属离子去除研究

生物吸附剂在超声处理下从实际废水去除重金属离子结果如表 9-4 所示。测得实际废水中含 8.351mg/L 的铅离子，经过超声处理后，铅离子去除率达到 89.89%，说明可以有效地被去除；同时，超声处理下去除率要比对照的去除率高 14.33%。对于其他共存重金属如铜、锌、镉和铁离子的去除率也分别达到 92.21%、85.51%、41.56% 和 80.58%。综上所述，本实验方法对工业废水重金属离子去除具有潜在的应用价值，特别是对于 Pb^{2+} 和 Cu^{2+} 的去除。

表 9-4　从实际废水去除重金属离子结果

处理状态	指标	某冶炼厂工业废水(主要重金属离子)				
		Pb	Cu	Zn	Cd	Fe
对照	起始浓度/(mg/L)	8.351	10.86	18.33	6.064	11.56
	平衡浓度/(mg/L)	2.041	2.256	4.704	4.079	3.554
	去除率/%	75.56	79.23	74.34	32.74	69.26
超声	平衡浓度/(mg/L)	0.8443	0.846	2.656	3.544	2.245
	去除率/%	89.89	92.21	85.51	41.56	80.58

9.4　本章小结

① 超声处理最优条件：pH 值为 6.0、吸附剂量 100mg/L、室温和 100mL 溶液中铅离子浓度为 100mg/L，反应时间为 120min。

② 超声处理吸附容量相比对照处理提高约 30%，达到平衡的反应时间也比对照处理缩短 2h。

③ 整个吸附过程符合准二阶动力学模型和 Langmuir 吸附等温线模型。

④ 生物吸附剂在去除 Pb^{2+} 的过程中羟基、氨基、酰胺基和羧基发挥了重要作用。

⑤ 超声辅助技术结合生物吸附剂处理实际废水效果良好，具有潜在的应用前景。

参 考 文 献

[1]　李琛，葛红光，刘军海，等 . 超声波辅助活性炭吸附处理高浓度食品废水的研究 [J]. 食品工业科技，2018，35（11）：202-209.

[2]　Li H. B. , Dong X. L. , Silva E. B. , et al. Mechanisms of metal sorption by biochars：biochar characteristics and modifications [J]. Chemosphere，2017，178：466-478.

[3]　Yan G. , Viraraghavan T. Heavy-metal removal from aqueous solution by fungus *Mucor rouxii* [J]. Water research，2003，37（18）：4486-4496.

[4]　Ibrahim W. M. Biosorption of heavy metal ions from aqueous solution by red macroalgae [J]. Journal of Hazardous Materials，2011，192（3）：1827-1835.

[5]　Sari A. , Tuzen M. Biosorption of total chromium from aqueous solution by red algae (*Ceramium virgatum*)：equilibrium，kinetic and thermodynamic studies [J]. Journal of Hazardous Materials，2008，160（2-3）：349-355.

[6]　Gupta V. K. , Rastogi A. Biosortion of lead(Ⅱ) from aqueous solutions by nonliving algal biomass *Oedogonium* sp. and *Nostoc* sp. —acomparative study [J]. Colloids Surfaces B Biointerfaces，2008，64（2）：170-178.

[7]　Bai F. , Saalbach K. , Twiefel J. , et al. Effect of different standoff distance and driving current on transducer during ultrasonic cavitation peening [J]. Sensors and Actuators A：Physical，2017，261：274-279.

[8]　王家强 . 生物吸附法去除重金属的研究 [D]. 长沙：湖南大学，2010.

[9]　李会东，李晓蕾，霍凯利，等 . 超声处理增强生物吸附剂去除废水中铅的研究 [J]. 水处理技术，2018，44（5）：53-56.

[10]　李宁杰 . 白腐真菌对废水中 Pb^{2+} 的去除及稳定化机理的研究 [D]. 长沙：湖南大学，2015.

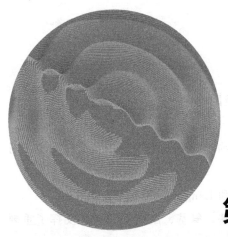

第10章

改性介孔分子筛吸附剂在处理含铅废水中的应用

与其他吸附剂相比，介孔分子筛吸附剂比表面积大、孔容积和空隙率高，表现出优异的吸附性能，受到研究者广泛关注。本章通过水热合成法制得介孔分子筛吸附剂，进一步提高吸附能力，使用氨三乙酸进行化学改性，通过较强的络合能力使其与铅离子形成稳定的螯合物，达到提高 Pb^{2+} 去除的效果。在实验室条件下，考察吸附因素（pH 值、吸附剂投加量、反应温度、反应时间和初始 Pb^{2+} 浓度）对 Pb^{2+} 溶液吸附性能的影响。通过吸附动力学、吸附等温线模型和表征手段（SEM 和 FTIR）探讨 Pb^{2+} 的吸附机理，为吸附剂高效处理含铅废水提供有益的借鉴和理论依据。

10.1 实验材料

10.1.1 材料

实验所需主要试剂与药品如表 10-1 所示。

表 10-1 主要试剂与药品

仪器名称	分子式	类别
碳酸氢钠	$NaHCO_3$	分析纯
二甲基甲酰胺	C_3H_7NO	分析纯
丙酮	CH_3COCH_3	分析纯

仪器名称	分子式	类别
乙醇	C_2H_5OH	分析纯
氨水	$NH_3 \cdot H_2O$	分析纯
正硅酸乙酯	$C_8H_{20}O_4Si$	分析纯
十六烷基三甲基溴化铵	$C_{19}H_{42}BrN$	分析纯
氨三乙酸	$N(CH_2COOH)_3$	分析纯

10.1.2　改性剂

本实验使用氨三乙酸作为制备介孔分子筛吸附剂的改性剂。

10.2　实验方法

10.2.1　改性介孔分子筛吸附剂制备方法

用电子分析天平称取 3.0g 十六烷基三甲基溴化铵，溶于 100mL 去离子水中，均匀搅拌后，再加入 11.0mL 氨水和 76mL 乙醇溶液，在室温下用磁力搅拌器搅拌 1h。5.0g 正硅酸乙酯被缓慢逐滴加入溶液中，继续磁力搅拌 2h，使溶液变为黏稠的白色凝胶状。最后将溶液转移到聚四氟乙烯反应釜中，在 200℃下水热晶化 24h。冷却后抽滤，用去离子水洗涤 3 次，放到干燥箱中干燥，最终在 600℃的马弗炉中焙烧 5h，即可得介孔分子筛吸附剂。

氨三乙酸的羧基不与分子筛上的羧基直接反应，而是通过形成氨三乙酸酐与分子筛上的羟基发生酯化反应。氨三乙酸酐合成方法：称取 8g 氨三乙酸于 150mL 锥形瓶中，加入 12mL 吡啶和 12mL N,N-二甲基甲酰胺，混匀，滴入 15mL 醋酸酐，于 65℃下隔绝空气搅拌 24h，得到含氨三乙酸酐的混合有机溶液。然后加入干燥后的 5g 介孔分子筛吸附剂和 8mL N,N-二甲基甲酰胺，于 75℃下隔绝空气搅拌 24h。将所得材料过滤，依次用醋酸酐、N,N-二甲基甲酰胺、超纯水、饱和碳酸氢钠溶液、超纯水、乙醇（95%）和丙酮清洗，烘干，即得到改性介孔分子筛吸附剂。

10.2.2　批量实验方法

取若干锥形瓶分别加入 100mL 配制的铅溶液（$C_0 = 100mg/L$），加入一定量的改性介孔分子筛吸附剂，并调整 pH 值，然后置于恒温振荡培养箱中室温吸附。结束后，经 5000r/min 的离心机离心 20min，通过移液器取上清液，然后用 $0.22\mu m$ 的水系滤膜过滤，最后使用原子吸收分光光度计测定溶液中残留 Pb^{2+} 浓度，所有实验设 3 个平行样，最后取平均值。

(1) pH 值对吸附的影响

将 C_0 为 100mg/L 的铅溶液，用 HCl 或 NaOH(1.0mg/L) 调节 pH 值为 2.0、3.0、4.0、5.0 和 6.0，分别加入 0.6g 的吸附剂，室温下在振荡培养箱中吸附反应 60min，收集上清液，离心过滤后，测定 Pb^{2+} 的残留浓度 C_f。

(2) 吸附剂投加量对吸附的影响

在 pH 值为 6.0，C_0 为 100mg/L 的铅溶液中，分别加入吸附剂量 W 为 2000mg/L、3000mg/L、4000mg/L、5000mg/L、6000mg/L、7000mg/L 和 8000mg/L 的吸附剂，室温下在振荡培养箱中吸附反应 60min，收集上清液，离心过滤后，测定 Pb^{2+} 的残留浓度 C_f。

(3) 反应时间对吸附的影响

在 pH 值为 6.0，C_0 为 100mg/L 的铅溶液中，分别加入 0.6g 的吸附剂，室温下在振荡培养箱中吸附反应 10min、20min、40min、60min、80min、100min、120min 和 140min，收集上清液，离心过滤后，测定 Pb^{2+} 的残留浓度 C_f。

(4) 反应温度对吸附的影响

在 pH 值为 6.0，C_0 为 100mg/L 的铅溶液中，分别加入 0.6g 的吸附剂，调整震荡培养箱的温度为 20℃、25℃、30℃、35℃ 和 40℃，使其振荡吸附反应 60min，收集上清液，离心过滤后，测定 Pb^{2+} 的残留浓度 C_f。

(5) 初始 Pb^{2+} 浓度对吸附的影响

在 pH 值为 6.0，C_i 为 30mg/L、50mg/L、80mg/L、100mg/L、120mg/L、150mg/L、180mg/L 和 200mg/L 的铅溶液中，分别加入 0.6g 的吸附剂，室温下在振荡培养箱中吸附反应 60min，收集上清液，离心过滤后，测定 Pb^{2+} 的残留浓度 C_f。

10.3 结果与讨论

10.3.1 改性介孔分子筛对水溶液中铅的吸附条件优化

(1) pH 值对吸附 Pb^{2+} 的影响

溶液 pH 值强烈影响着重金属离子的存在形态和吸附剂表面的极性。在低 pH 值时，吸附剂的表面官能团存在质子化，使得吸附剂的吸附能力较低；而在高 pH 值时，Pb^{2+} 因水解会形成不溶性的 $Pb(OH)_2$。鉴于 pH 值大于 7.0 时，Pb^{2+} 就开始沉淀，因此本吸附实验选择 pH 值范围为 2.0~6.0。不同溶液 pH 值下的吸附容量如图 10-1 所示。

由图 10-1 可知，介孔分子筛吸附剂对 Pb^{2+} 的吸附能力随 pH 值的增加而增

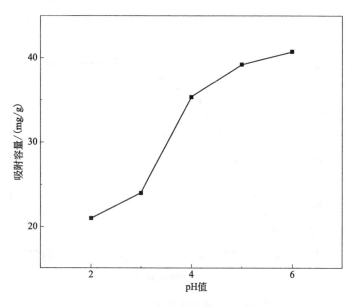

图 10-1　不同溶液 pH 值下的吸附容量

强，这表明 pH 值是影响吸附容量的重要因素。当 pH 值为 6.0 时，吸附剂对 Pb^{2+} 的吸附容量达到最大。由于 pH 值偏低时，溶液中较多的 H^+ 会使吸附剂表面功能基团质子化，使得 Pb^{2+} 并没有完全被吸附，故吸附容量相对较低。随着溶液 pH 值升高，越来越多的吸附位点可与 Pb^{2+} 发生结合，从而使 Pb^{2+} 高效地被吸附。因此，本实验选择最佳 pH 值为 6.0。

（2）吸附剂投加量对吸附 Pb^{2+} 的影响

吸附剂量也会对重金属离子的吸附容量产生重要影响。吸附剂量较少时，处理不彻底，达不到排放标准；吸附剂量较多时，可用的重金属离子不足以完全覆盖吸附剂上可用的结合位点，导致吸附剂浪费。不同吸附剂量下的吸附容量如图 10-2 所示。

由图 10-2 可知，改性介孔分子筛的吸附容量随着吸附剂投加量的增加而逐渐升高，直至平衡；与之相反，去除率却随着吸附剂投加量的增加而逐渐降低。当吸附剂投加量为 0.6g 时，吸附几乎达到平衡，此时 Pb^{2+} 的去除率也达到 89.41%，当继续增加吸附剂投加量，去除率变化不大。可能原因是吸附剂投加量为 0.6g 时，吸附位点刚好对 100mg/L 的铅溶液进行完全吸附。所以对 100mg/L 的铅溶液，最佳的吸附剂投加量为 0.6g。

（3）反应时间对吸附 Pb^{2+} 的影响

不同反应时间下的吸附容量如图 10-3 所示。随着反应时间增加，吸附剂对 Pb^{2+} 的吸附容量逐渐增加直至平衡。

根据文献报道，Pb^{2+} 的吸附分为两个阶段：第一阶段为快速吸附阶段，主要由于吸附剂表面存在大量活性位点，同时，较高浓度差使得传质推动力变高，所以

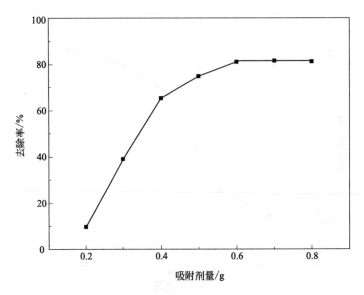

图 10-2　不同吸附剂量下的吸附容量

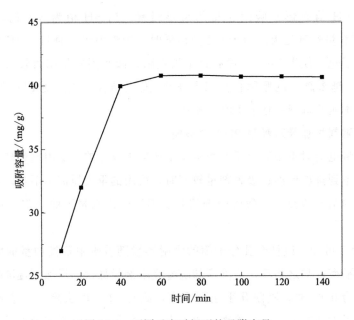

图 10-3　不同反应时间下的吸附容量

吸附容量和去除率大幅提高；第二阶段为缓慢吸附阶段，主要通过扩散作用进入吸附剂内部，其中阻力较大，使得吸附缓慢，吸附 60min 后，吸附基本饱和，达到动态平衡。

　　此外，由图 10-3 可知，当吸附平衡后，铅离子的吸附容量稍有降低，这可能是吸附平衡后，那些附着在吸附剂表面还没有进行交换的铅离子又重新解吸下来。

（4）反应温度对吸附 Pb²⁺ 影响

不同温度下的吸附容量如图 10-4 所示。

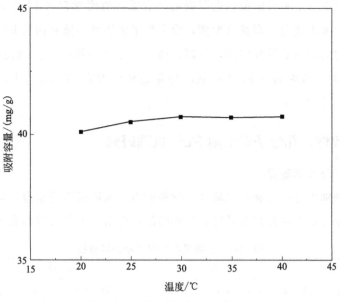

图 10-4　不同温度下的吸附容量

由图 10-4 可知，随着温度的升高，改性介孔分子筛对 Pb²⁺ 的吸附容量变化不大，表明温度变化对吸附影响较小。另外，在实际处理中，通过调整温度实现吸附效果好很难做到。因此，改性介孔分子筛对 Pb²⁺ 的吸附在室温下进行。

（5）初始铅离子浓度对吸附 Pb²⁺ 影响

不同初始浓度下的吸附容量如图 10-5 所示。

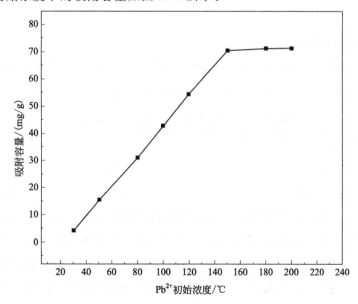

图 10-5　不同初始浓度下的吸附容量

由图 10-5 可知，随着初始 Pb^{2+} 浓度的增大，平衡吸附容量也增大，随着增幅逐渐减弱直至趋于稳定。主要因为初始 Pb^{2+} 浓度较低时，吸附剂对 Pb^{2+} 的吸附容量没有达到其本身平衡吸附值，也即吸附剂表面官能团没有与 Pb^{2+} 完全结合。所以，吸附剂的吸附能力没有充分发挥，吸附容量也较低。随着初始 Pb^{2+} 浓度增加，吸附剂的吸附能力逐渐发挥作用，所以，吸附容量也逐渐增大。当初始 Pb^{2+} 浓度为 150mg/L 时，吸附剂对 Pb^{2+} 的吸附容量达到最大值 71.35mg/L，说明吸附剂上的吸附位点已达到饱和。

10.3.2 改性介孔分子筛吸附 Pb^{2+} 机理研究

(1) 吸附动力学研究

本研究分别用准一阶和准二阶动力学模型对实验数据进行拟合，可得拟合吸附速率曲线的动力学参数及相关系数，生物吸附剂吸附动力学参数如表 10-2 所示。

表 10-2 生物吸附剂吸附动力学参数

实验测得值	准一阶动力学模型			准二阶动力学模型		
$q_{e,exp}$/(mg/g)	k_1/min^{-1}	$q_{e,1}$/(mg/g)	R^2	k_2/[g/(mg·min)]	$q_{e,2}$/(mg/g)	R^2
40.8	0.0529	28.47	0.964	0.1505	42.62	0.997

由表 10-2 可知，准一阶动力学的相关性（$R^2 = 0.964$）很低，另外，准一阶动力学模型理论的吸附容量（28.47mg/L）同实验所得的吸附容量（40.8mg/g）相差较大，这些表明 Pb^{2+} 吸附不符合准一阶动力学模型。而准二阶动力学模型拟合出的相关性很高（$R^2 = 0.997$）。此外，准二阶动力学模型计算所得 q_e 与实验测定值更为接近，非常符合准二阶动力学模型。可推测吸附过程符合准二阶动力学模型。

(2) 等温吸附研究

本研究分别用 Langmuir 和 Freundlich 两种吸附等温线模型对吸附数据进行拟合，得到的生物吸附剂等温吸附方程参数如表 10-3 所示。

表 10-3 生物吸附剂吸附等温吸附方程参数

实验测得值	Langmuir 吸附等温线模型			Freundlich 吸附等温线模型		
$q_{e,exp}$/(mg/g)	q_m/(mg/g)	k_L/(L/mg)	R^2	k_F/(mg/g)	n	R^2
71.35	83.36	1.2423	0.9996	26.476	3.121	0.7652

由表 10-3 可知，改性介孔分子筛吸附剂的吸附能力随着 Pb^{2+} 平衡浓度的增加而增加。对比 Langmuir 吸附等温线模型和 Freundlich 吸附等温线模型线性拟合结果可知，Pb^{2+} 吸附过程符合 Langmuir 吸附等温线模型，吸附剂的最大 Pb^{2+} 吸附容量为 71.35mg/L。n 值为 1~5，表明功能化的介孔分子筛对 Pb^{2+} 的吸附容易进行。

10.3.3　扫描电镜分析

吸附剂吸附前后的 SEM 图像如图 10-6 所示。

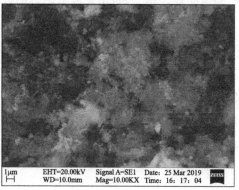

图 10-6　吸附剂吸附前后的 SEM 图像

由图 10-6 可知，吸附前的吸附剂形貌为松散、表面光洁和不规整状，并伴随部分空穴。吸附 Pb^{2+} 后最为明显的形貌特征为吸附剂表面絮状结构出现较多亮晶，比其他地方出现的亮晶多，表明吸附剂经氨三乙酸改性吸附的 Pb^{2+} 更多，也说明氨三乙酸的改性，提高了吸附剂与 Pb^{2+} 结合能力（其中絮状物为氨三乙酸酐，亮晶为积累的铅沉淀）。

10.3.4　傅里叶变换红外光谱分析

吸附剂吸附前后的 FTIR 图像如图 10-7 所示。

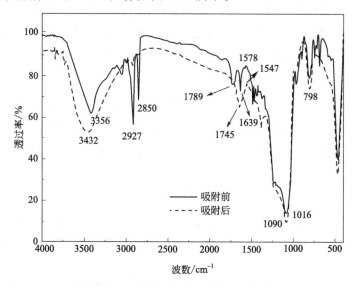

图 10-7　吸附剂吸附前后的 FTIR 图像

吸附 Pb^{2+} 前，吸附剂在 $798cm^{-1}$、$1016cm^{-1}$ 和 $1090cm^{-1}$ 处的吸收峰为 Si—O—Si和 Si—O 的伸缩振动，这是无定型 SiO_2 的典型特征振动吸收带。$1639cm^{-1}$ 和 $3356cm^{-1}$ 处为—OH 的振动吸收峰。$1578cm^{-1}$ 处的吸收峰为 N—H 伸缩振动峰。在 $1789cm^{-1}$ 波数附近的振动峰归属于酯基和羧基的弯曲振动。

吸附 Pb^{2+} 后，N—H 吸收峰发生迁移，从 $1578cm^{-1}$ 迁移到 $1547cm^{-1}$。—OH的吸收峰从 $1639cm^{-1}$ 和 $3356cm^{-1}$ 迁移到 $1745cm^{-1}$ 和 $3432cm^{-1}$。酯基和羧基伸缩振动峰的消失可能是作为活性位点与 Pb^{2+} 反应。出现在 $2927cm^{-1}$、$2850cm^{-1}$ 的吸收峰归因于—CH_2 的不对称和对称伸缩振动峰。图谱中吸收峰的出现、消失和迁移变化，可能是官能团与 Pb^{2+} 发生化学反应的结果。综上所述，在 Pb^{2+} 吸附过程中，改性介孔分子筛吸附剂的氨基、羟基、烷基、酯基和羧基发挥了重要作用。

10.4　本章小结

通过上述研究可得，改性介孔分子筛对含铅废水具有良好的吸附性能，具体总结如下：

① 改性介孔分子筛吸附剂能够有效地去除废水中 Pb^{2+}，吸附容量可达 $40.8mg/g$。

② 改性介孔分子筛处理含 Pb^{2+} 废水的最优条件：室温下，pH 值为 6.0，吸附剂投加量为 0.6g，反应时间为 60min。

③ 改性介孔分子筛吸附剂在对 Pb^{2+} 的吸附过程中：准二阶动力学模型拟合系数（$R^2 = 0.997$）比准一阶动力学模型拟合系数（$R^2 = 0.964$）高，表明吸附动力过程更符合准二阶动力学模型；Langmuir 吸附等温线模型的拟合系数（$R^2 = 0.999$）比 Freundlich 吸附等温线模型的拟合系数（$R^2 = 0.765$）高，表明吸附过程更符合 Langmuir 吸附等温线模型。

④ 通过 SEM 图可得，吸附剂表面絮状结构出现更多亮晶，说明经氨三乙酸改性提高了吸附剂结合铅离子的能力；分析吸附前后的 FTIR 图像，揭示了改性介孔分子筛吸附剂表面存在的氨基、羟基、烷基、酯基和羧基参与了 Pb^{2+} 吸附过程。

参 考 文 献

[1] Chen F. Y., Hong M. Z., You W. J., et al. Simultaneous efficient adsorption of Pb^{2+} and MnO_4^- ions by MCM-41 functionalized with amine and nitrilotriacetic acid anhydride [J]. Applied Surface Science, 2015, 357, 856-865.

[2] 黄沅清，杨春平，孙志超，等. 氨三乙酸酐改性纤维素对 Cd^{2+} 的吸附性能 [J]. 环境科学学报，2015, 35（6）：1792-1799.

［3］ 朱南南．磷脂酶 D 催化磷脂酰基转移合成磷脂酰丝氨酸反应的研究［D］．西安：西北大学，2015．

［4］ 柏珊珊，岳秀丽，马放，等．MCM-41 的化学修饰及其对 Cu^{2+} 的吸附性能［J］．哈尔滨工业大学学报，2010，42（6）：954-957．

［5］ Chi Y. C.，Xue J. J.，Zhuo J. K.，et al. Catalytic co-pyrolysis of cellulose and polypropylene over all-silica mesoporous catalyst MCM-41 and Al-MCM-41［J］. Science of the Total Environment，2018，633，1105-1113．

［6］ 陈西子，陈艳蕾，巫秋萍，等．MCM-41 分子筛的氨三乙酸功能化及对重金属离子吸附特性研究［J］．陶瓷学报，2018，39（2）：187-193．

［7］ Guo Y. G.，Huang W. L.，Chen B.，et al. Removal of tetracycline from aqueous solution by MCM-41-zeolite A loaded nano zero valent iron：Synthesis，characteristic，adsorption performance and mechanism［J］. Journal of Hazardous Materials，2017，339，22-32．

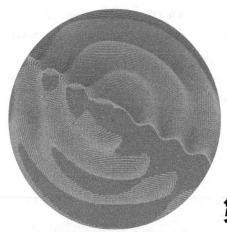

第11章

改性壳聚糖基生物吸附剂在处理含铜废水中的应用

    壳聚糖是线性结构的高分子吸附剂，机械强度较差，在吸附过程中易破碎，本研究以壳聚糖作为基础吸附材料，加入纤维素与其共混，利用纤维素的韧性提高壳聚糖在使用过程中的机械强度，并采用交联改性来提高壳聚糖的吸附性能以及在酸性条件下的稳定性和机械强度。交联改性可以使用交联剂作为"桥梁"连接壳聚糖分子，使之成为网状结构，增强了化学稳定性和吸附性能。本研究使用环氧氯丙烷（ECH）作为交联剂制备环氧氯丙烷改性壳聚糖纤维素（ECC），考察了改性条件对吸附能力的影响，如时间、温度、ECH 添加量和 pH 值，以 Cu^{2+} 去除率和交联度作为评价参数，通过单因素实验确定正交实验范围，再由正交实验得到最佳制备条件。改性后的材料采用 SEM 和 FTIR 进行表征基机理分析。

11.1 实验材料

11.1.1 材料

    本实验所用化学试剂均为分析纯，所用水样均为去离子水。实验所用主要实验试剂如表 11-1 所示。

表 11-1　主要实验试剂

药品名称	化学式	纯度
壳聚糖	$(C_6H_{11}NO_4)_n$	分析纯
纤维素	$(C_6H_{10}O_5)_n$	分析纯

药品名称	化学式	纯度
乙酸	CH_3COOH	分析纯
盐酸	HCl	分析纯
氢氧化钠	$NaOH$	分析纯
硫酸铜	$CuSO_4$	分析纯
乙醇	C_2H_5OH	分析纯
环氧氯丙烷	C_3H_5ClO	分析纯

11.1.2　交联剂

本研究使用环氧氯丙烷（ECH）作为交联剂制备环氧氯丙烷改性壳聚糖纤维素。

11.2　实验方法

11.2.1　ECH改性壳聚糖/纤维素制备

将 4g 壳聚糖粉末溶解在 100mL 2％的醋酸溶液中，在磁力搅拌器上以 50℃加热搅拌 1h，待壳聚糖溶解后，加入 1g 纤维素搅拌均匀，经蠕动泵滴入 1mol/L NaOH 溶液中，固化 12h 洗涤至中性，将小球分散于 100mL 10％的乙醇溶液中，调节 pH 值，加入 ECH，在一定温度的超声震荡箱中进行超声处理。ECH 不易在水中溶解，易溶于乙醇，并且乙醇有致孔作用可增加吸附剂的孔隙率。

11.2.2　吸附实验

配制 100mg/L 的 Cu^{2+} 溶液，取出 50mL 置于锥形瓶中，加入 1g（湿重）吸附剂，在恒温振荡培养箱内以 180r/min 的转速吸附 24h。吸附完成后，取出上清液，经 0.22μm 过滤器过滤，然后用火焰原子吸收分光光度计测定溶液中剩余 Cu^{2+} 含量。每个实验重复进行 3 次，最后取平均值。

11.2.3　交联度的测定

将改性后的小球在去离子水中浸泡 24h，取出后用滤纸吸去表面水分并进行称重记为 m_1，在真空干燥箱内 60℃干燥 2h 至恒重，干燥后质量为 m_2，其交联度 ξ 计算公式见式(11-1)。

$$\xi = (m_1 - m_2)/m_2 \times 100\% \tag{11-1}$$

式中　m_1——干燥前质量，g；

m_2——干燥后质量，g。

11.3 结果与讨论

11.3.1 改性条件对吸附效果的影响及最优配比的确定

（1）改性时间

称取 4g 壳聚糖粉末放于烧杯中，加入 100mL 2％的醋酸，在 50℃下加热溶解，磁力搅拌 1h，待壳聚糖溶解后，加入 1g 纤维素搅拌均匀，然后将壳聚糖纤维素溶液经蠕动泵滴入 1mol/L NaOH 溶液中，固化 12h 后洗涤至中性，称取 1g（湿重）小球分散于 100mL 10％的乙醇溶液中，调节 pH 值至 10，加入 3mL ECH，在 50℃下分别超声处理 5min、10min、15min、20min、25min。考察改性时间对去除率和交联度的影响如图 11-1 所示。

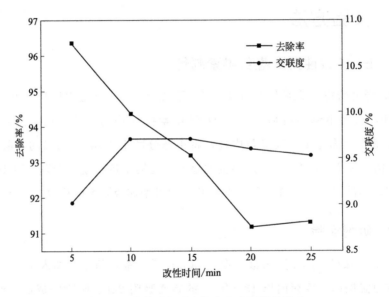

图 11-1　改性时间对去除率和交联度的影响

由图 11-1 可知，当改性时间由 5min 增加至 10min 时，交联度随着改性时间的增加而增加，由 9.01％增加至 9.72％，这是因为交联反应需要一定的时间来打开旧化学键，从而形成新键。当壳聚糖与交联剂 ECH 反应完全时，继续增加改性时间会导致交联度的下降，因为此时分子链已形成网状结构，导致一部分活性位点不能参与反应。随着交联时间的增加，去除率下降，这是由于壳聚糖上的吸附位点与 ECH 分子之间过度交联，导致吸附位点减少吸附能力下降，从而去除率降低。

（2）改性温度

在其他改性条件不变的情况下，分别在 30℃、40℃、50℃、60℃、70℃下进行超声处理。改性温度对去除率和交联度的影响如图 11-2 所示。

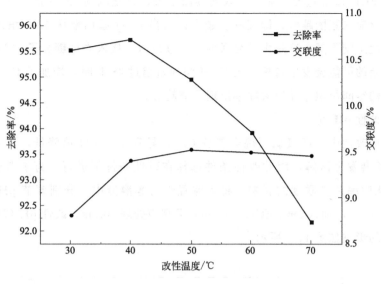

图 11-2 改性温度对去除率和交联度的影响

当改性温度从 30℃增加到 50℃时，交联度由 8.8％增加至 9.52％，这是由于 ECH 在 pH＝10 下的水解度较低，所以提高温度可以增强水解度，从而交联程度增加。改性温度继续升高时，交联度变化不明显，而去除率下降，这是由于较高温度下，吸附剂表面的交联度高导致可利用的吸附位点数量减少。

(3) ECH 添加量

其他改性条件不变的情况下，分别加入 1mL、2mL、3mL、4mL、5mL ECH，在 50℃下超声处理 10min，考察 ECH 添加量对去除率和交联度的影响如图 11-3所示。

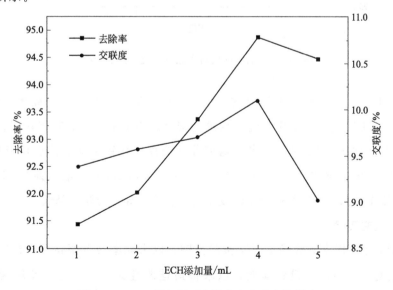

图 11-3 ECH 添加量对去除率和交联度的影响

随着 ECH 添加量的增加，交联度逐渐增大，这是因为 ECH 加入越多，与壳聚糖发生反应的基团越多，即交联度越大；而当 ECH 添加量从 4mL 增加到 5mL 时，交联度急剧下降，这是由于交联剂加入过量时，接入壳聚糖分子的 ECH 已经饱和，剩余的可能会发生自聚。当 ECH 添加量超过 4mL 时，增加了 Cu^{2+} 扩散到吸附剂中的空间位阻，导致去除率出现下降趋势。

(4) 改性 pH 值

在交联改性中，环氧氯丙烷会释放 Cl^-，导致溶液 pH 值降低，而壳聚糖在低 pH 值下会发生溶解，因此改性条件选择在碱性条件下进行。为了考察改性时 pH 值对去除率和交联度的影响，将小球置于乙醇溶液中，分别调节 pH 值为 8、9、10、11、12，加入 3mL ECH，在 50℃下超声处理 10min，改性 pH 值对去除率和交联度的影响如图 11-4 所示。

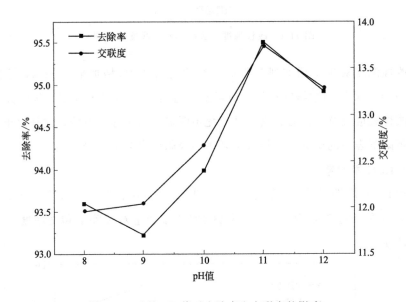

图 11-4　改性 pH 值对去除率和交联度的影响

由图 11-4 可知，提高改性时溶液的 pH 值可增加去除率和交联度。ECH 在碱性条件下才发生水解反应与壳聚糖进行交联，当 pH 值较低时交联度较低，而当 pH 值从 8 增加到 11 时，更多的电离羟基的存在导致了交联活性位点的增加，交联度从 11.97% 增加到 13.73%，Cu^{2+} 去除率也从 93.60% 增加到 95.50%。在 pH 值大于 11 时，碱性过强，ECH 发生自聚反应，导致交联度降低。

(5) 正交实验

根据上述单因素实验确定正交实验范围，以去除率为考察指标，按照四因素三水平正交表 L9(3⁴) 设计实验，以求得最佳改性条件。正交实验因素水平见表 11-2，正交实验结果和分析见表 11-3。

表 11-2 正交实验因素水平

水平	试验因素			
	时间 A/min	温度 B/℃	ECH 添加量 C/mL	pH 值 D
1	5	30	3	10
2	10	40	4	11
3	15	50	5	12

表 11-3 正交实验结果和分析

实验编号	时间 A/min	温度 B/℃	ECH C/mL	pH 值 D	去除率/%
1	5	30	3	10	94.32
2	5	40	4	11	89.00
3	5	50	5	12	93.78
4	10	30	4	12	92.20
5	10	40	5	10	92.36
6	10	50	3	11	88.90
7	15	30	5	11	91.39
8	15	40	3	12	90.28
9	15	50	4	10	91.96
K_{1j}	277.10	277.91	273.50	278.64	—
K_{2j}	273.45	271.64	273.17	269.29	—
K_{3j}	273.64	274.64	277.53	276.26	—
k_{1j}	92.37	92.64	91.17	92.88	—
k_{2j}	91.15	90.55	91.06	89.76	—
K_{3j}	91.21	91.55	92.51	92.09	—
R	1.22	2.09	1.45	3.12	—
主次水平	$D>B>C>A$				
最优方案	$A_1B_1C_3D_1$				

表 11-3 中 K_{ij} 表示 j 因素下 i 水平之和，k_{ij} 即为 K_{ij} 的平均值。R 为极差。极差越大，说明该因素对实验的影响越大，通过对表 11-3 极差的分析可知，四个因素对去除率影响大小的关系为 $D>B>C>A$，即 pH 值的影响最大，其次是温度、ECH 添加量，影响最小的是时间。最佳反应条件为：$A_1B_1C_3D_1$，即在超声处理 5min，温度为 30℃，ECH 添加量为 5mL，pH 值为 10 的改性条件下，可制得最优的环氧氯丙烷改性纤维素壳聚糖吸附剂。

11.3.2 改性材料表征分析

(1) SEM 分析

本研究采用扫描电子显微镜对壳聚糖纤维素改性前后材料的表面形貌和结构进

行观察分析，并对比改性前后材料表面的变化，放大 20000 倍的壳聚糖纤维素扫描电子显微镜图如图 11-5 所示。

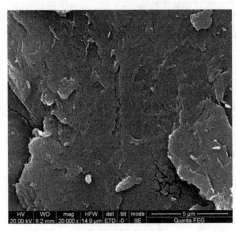

(a)改性前壳聚糖纤维素　　　　　　　　　(b)改性后壳聚糖纤维素

图 11-5　壳聚糖纤维素扫描电子显微镜图

由图 11-5 可知，改性前的壳聚糖纤维素表面比较平整，层次不明显。改性后的壳聚糖纤维素表面凹凸不平，出现片状结构，孔隙疏松不平整，增加了比表面积，这可能是由于环氧氯丙烷与壳聚糖反应，改变了表面结构；并且乙醇作为致孔剂可以使吸附剂表面孔隙增多，提高吸附剂的比表面积。这些变化有利于重金属溶液渗透到聚合物孔隙结构中，从而提高吸附性能和吸附速率。

（2）FTIR 分析

红外光谱的原理是不同的官能团都具有各自独特的红外吸收峰值，根据峰值可以确定物质的结构组成。壳聚糖纤维素改性前后的红外光谱图如图 11-6 所示。

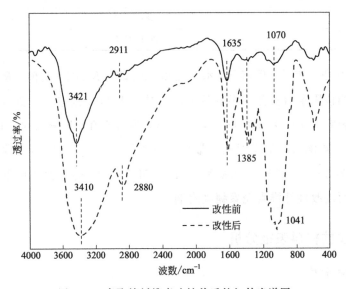

图 11-6　壳聚糖纤维素改性前后的红外光谱图

通过改性前后的红外光谱分析发现，在改性前的红外光谱图中，$3421cm^{-1}$ 处较宽而强的吸收峰是由壳聚糖上的 N—H 和 O—H 的伸缩振动引起的多重吸收峰，改性后该吸收峰发生右移，并且吸收峰强度明显增强；$2911cm^{-1}$ 处吸收峰是—CH 和—CH_2 内的 C—H 伸缩振动，改性后，此范围的吸收峰明显变强，说明改性后引入大量的 C—H 键；$1635cm^{-1}$ 吸收峰对应壳聚糖分子中伯胺的 N—H 弯曲振动；$1385cm^{-1}$ 吸收峰对应于 C—N 的伸缩振动；$1070cm^{-1}$ 吸收峰是由于壳聚糖分子中伯醇基的 C—O 伸缩振动，即—CH_2OH 中的 C—O 键；$1041cm^{-1}$ 吸收峰是 C—O—C 的伸缩振动，改性后此吸收峰强度明显增强，这表明环氧氯丙烷对壳聚糖的交联改性引入大量 C—O—C。通过对比壳聚糖纤维素和改性壳聚糖纤维素的红外光谱图发现，环氧氯丙烷对壳聚糖的改性成功。

11.3.3　吸附影响因素研究

（1）溶液 pH 值

初始 pH 值对 ECC 吸附 Cu^{2+} 的影响如图 11-7 所示。

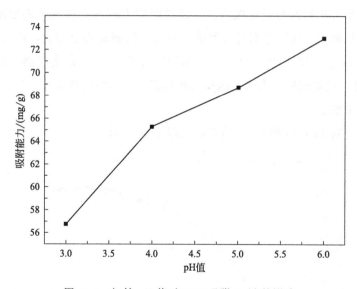

图 11-7　初始 pH 值对 ECC 吸附 Cu^{2+} 的影响

由图 11-7 可知，在酸性条件下，pH 值越大 ECC 对 Cu^{2+} 的吸附能力越强，这是由于酸性条件下氨基会与氢离子反应生成铵根离子，使氨基的配位能力下降，同时让 ECC 表面带有正电荷，这与 Cu^{2+} 会发生静电斥力，降低 Cu^{2+} 向吸附剂表面扩散的机会，导致 Cu^{2+} 去除率低，并且溶液中 H^+ 过多会与 Cu^{2+} 产生竞争吸附；随着 pH 值的增高，壳聚糖分子链上的—NH_2 游离出来，有利于吸附重金属离子。

（2）初始 Cu^{2+} 浓度

初始浓度对 ECC 吸附 Cu^{2+} 的影响如图 11-8 所示。

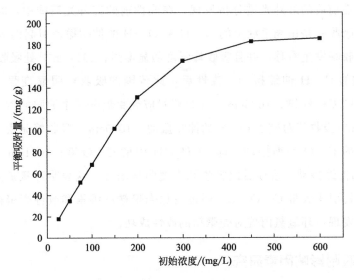

图 11-8   初始浓度对 ECC 吸附 Cu^{2+} 的影响

由图 11-8 可知，在其他吸附条件不变的情况下，如吸附剂投加量、温度等一定，吸附剂没有达到饱和吸附能力前，其吸附能力随着金属离子的浓度增加而增大。初始浓度越大，在吸附剂与吸附质之间提供的驱动力也越大，而当初始 Cu^{2+} 浓度达到 450mg/L 时，吸附剂上的可用吸附位点几乎被完全占据，故继续增大 Cu^{2+} 浓度时，吸附剂的吸附能力达到饱和状态，不再继续增大。

(3) 溶液温度

溶液温度对 ECC 吸附 Cu^{2+} 的影响如图 11-9 所示。

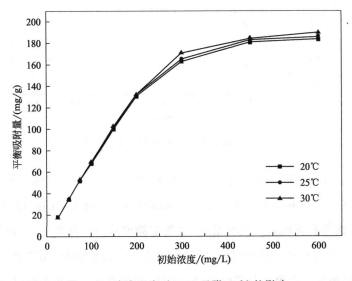

图 11-9   溶液温度对 ECC 吸附 Cu^{2+} 的影响

由图 11-9 可知，随着温度升高，ECC 的最大吸附能力有所提高，说明温度增加促进了吸附反应的进行。该吸附过程是吸热反应，温度从 20℃增大到 30℃时，最大吸附能力从 183.41mg/g 增大到 189.37mg/g，效果并不明显，说明温度对 ECC 的吸附能力影响较小。

(4) 吸附时间

吸附时间对 ECC 吸附 Cu^{2+} 的影响如图 11-10 所示。

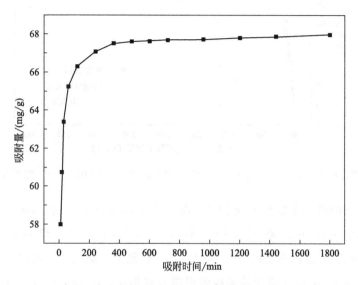

图 11-10　吸附时间对 ECC 吸附 Cu^{2+} 的影响

由图 11-10 可知，ECC 吸附量随着吸附时间的延长而增加，整个吸附过程可分为三个阶段：吸附过程的前 60min 为快速吸附阶段，吸附量急剧增加；60～180min 为限速吸附阶段，吸附开始变慢；180～1800min 为吸附饱和阶段，吸附能力几乎不再增加，吸附趋向平衡。其原因可能是在吸附初期，反应主要在表面发生，吸附速率较快，当表面的吸附位点几乎被 Cu^{2+} 完全占据，Cu^{2+} 溶液开始向吸附剂内部扩散，并且此时 Cu^{2+} 浓度大量减少，因此吸附速率减慢。随着时间的增加，可用于结合的空白吸附位点减少，吸附体系基本平衡并达到饱和状态。

11.3.4　吸附机理研究

(1) 等温吸附研究

在温度为 25℃，Cu^{2+} 溶液初始浓度为 100mg/L 的条件下研究 Langmuir 和 Freundlich 吸附等温线对 ECC 吸附 Cu^{2+} 的拟合，如图 11-11 所示。

由图 11-11 可知，Langmuir 吸附等温线模型拟合度更高，即 Langmuir 吸附等温线模型更适合解释本吸附过程，由于其是描述均匀单分子层的理论模型，说明 ECC 吸附 Cu^{2+} 发生在均匀的表面，并且为单层吸附。

使用 Langmuir 和 Freundlich 吸附等温线模型对 ECC 吸附 Cu^{2+} 的实验数据进

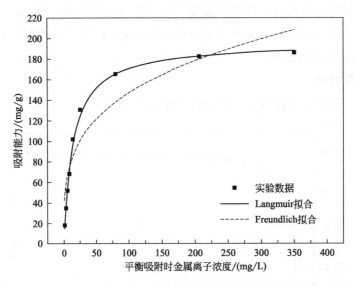

图 11-11　Langmuir 和 Freundlich 吸附等温线对 ECC 吸附 Cu^{2+} 的拟合

行拟合，得到的模型参数列于表 11-4。在 20℃、25℃和 30℃时，Langmuir 吸附等温线模型的线性相关系数（R^2）分别为 0.996、0.993 和 0.993，均高于 Freundlich 吸附等温线模型的 R^2，则 Langmuir 吸附等温线模型可以更恰当地解释反应过程。在 Langmuir 吸附等温线模型拟合数据中，$0 < R_L < 1$，说明 ECC 易于吸附 Cu^{2+}。

表 11-4　ECC 吸附 Cu^{2+} 的吸附等温线模型参数

$T/℃$	$q_{e,exp}$ /(mg/g)	Langmuir 吸附等温线模型				Freundlich 吸附等温线模型		
		K_L/(L/mg)	$q_{e,cal}$/(mg/g)	R^2	R_L	K_F/(L/g)	n	R^2
20	183.41	0.063	194.38	0.996	0.14	39.117	3.53	0.869
25	185.84	0.068	196.15	0.993	0.13	40.885	3.60	0.865
30	189.37	0.073	199.42	0.993	0.12	42.965	3.66	0.857

(2) 吸附动力学研究

根据准一阶和准二阶动力学模型研究了环氧氯丙烷改性壳聚糖纤维素吸附能力随时间的变化，绘制了吸附动力学曲线。吸附过程主要有 3 个速率控制步骤：

① 金属离子扩散至吸附剂表面的外扩散；

② 金属离子进入吸附剂内部孔隙的内扩散；

③ 金属离子与吸附位点发生化学反应的化学吸附。

通常扩散阶段吸附速率快，因此化学吸附是吸附反应的速率控制步骤。

如图 11-12(a) 所示，准一阶只适用于 ECC 与 Cu^{2+} 接触初期的 120min 内。图 11-12(b)的拟合度非常高且适用于整个吸附过程，准二阶动力学模型是基于假设化学吸附为整个吸附过程的限速阶段，则本实验的吸附速率由化学吸附控制。

ECC 吸附 Cu^{2+} 的动力学参数如表 11-5 所示。

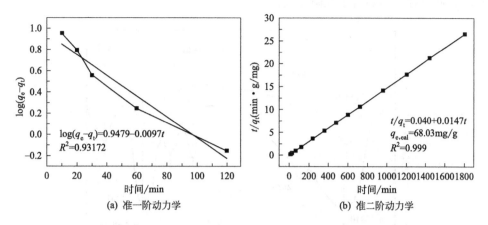

(a) 准一阶动力学　　　　(b) 准二阶动力学

图 11-12　准一阶动力学和准二阶动力学对 ECC 吸附 Cu^{2+} 的拟合

表 11-5　ECC 吸附 Cu^{2+} 的动力学参数

实验测得值	准一阶动力学模型			准二阶动力学模型		
$q_{e,exp}$/(mg/g)	$q_{e,cal}$/(mg/g)	k_1/min^{-1}	R^2	$q_{e,cal}$/(mg/g)	k_2/[mg/(g·min)]	R^2
67.95	8.87	0.2233	0.931	68.03	0.005	0.999

(3) EDS 分析

本研究采用能谱分析仪对吸附 Cu^{2+} 前后的 ECC 元素变化进行分析。图 11-13 为 ECC 吸附 Cu^{2+} 前后的 EDS 对比分析图，已知壳聚糖是碱性多糖，C、O 是主要组成元素，而吸附后出现 Cu 元素，说明 ECC 吸附后附着了大量 Cu^{2+}。

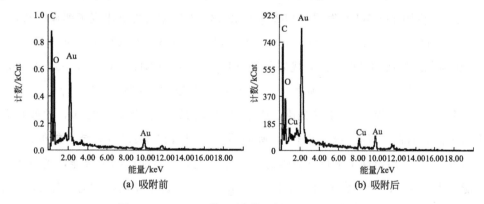

(a) 吸附前　　　　(b) 吸附后

图 11-13　ECC 吸附 Cu^{2+} 前后的 EDS 对比分析图

(4) FTIR 分析

图 11-14 是 ECC 吸附 Cu^{2+} 前后的红外光谱图，位于 $3410cm^{-1}$ 左右的宽峰与 N—H 的伸缩振动有关，$1640cm^{-1}$ 与 N—H 的弯曲变形有关，ECC 吸附 Cu^{2+} 后，这两处的峰值明显减弱，说明氨基参与了吸附反应；$1385cm^{-1}$ 对应于 C—N 的伸缩振动，吸附后此处峰强也变弱，说明 C—N 也参与了吸附反应，进一步证明 N 原

子是主要吸附位点；1041cm^{-1}是由 C—O—C 的伸缩振动造成的，改性后峰强变弱，说明 O 原子也参与了吸附反应。

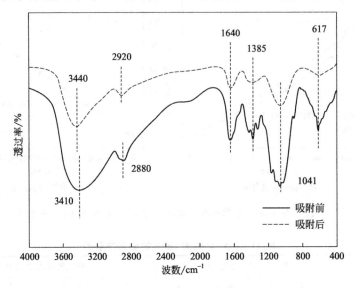

图 11-14　ECC 吸附 Cu^{2+} 前后的红外光谱图

(5) XPS 分析

为了进一步验证 FTIR 光谱图得出的结论，本研究还采用 XPS 分析方法进行吸附机理分析。XPS 被广泛地应用于元素鉴别，以及区分同一元素的不同形式。ECC 吸附 Cu^{2+} 前后的 XPS 光谱如图 11-15 所示。

由图 11-15(a) 可以看出，ECC 上含有元素 C、N、O，吸附 Cu^{2+} 后，出现 Cu 元素；由图 11-15(b) 发现在 953.0eV 和 933.2eV 结合能处出现了明显的新峰，分别为 Cu2p$_{1/2}$ 和 Cu2p$_{3/2}$，在 Cu2p$_{3/2}$ 轨道附近的 946～941eV 卫星带是由于其 +2 价氧化态造成的，933.2eV 代表的是 NH$_2$Cu^{2+} 或 (NH$_2$)$_2$Cu^{2+}，953.0eV 是由于纯物理吸附 Cu^{2+}。综上所述，Cu 的存在证明 ECC 上吸附了 Cu^{2+}。

图 11-15(c) 为 N 的 XPS 光谱，吸附前 N1s 的结合能为 399.26eV，此处是吸附剂表面含有的—NH$_2$ 或—NH—，吸附后新的峰值在 399.78eV 结合能处出现，说明吸附 Cu^{2+} 后出现了氧化态较强的 N 原子。比较吸附前后的结合能，吸附后结合能变大，这归因于形成了 R—NH$_2$Cu^{2+} 络合物，N 原子中的孤对电子与 Cu^{2+} 共享，N 电子云密度下降导致结合能移向高能区。综上所述，说明 N 原子是吸附 Cu^{2+} 的主要吸附位点，这与 FTIR 的结论一致。

图 11-15(d) 为 O 的 XPS 光谱，532.7eV 代表 C—O 中的 O 原子，在吸附 Cu^{2+} 前后 O 的结合能变化小于 0.5eV，由于 FTIR 和 XPS 都没有提供明确的证据证明 O 原子在吸附过程中发生明显变化，因此推测在 Cu—O 之间发生的是物理吸附、静电吸引等，或者是微弱的化学反应。

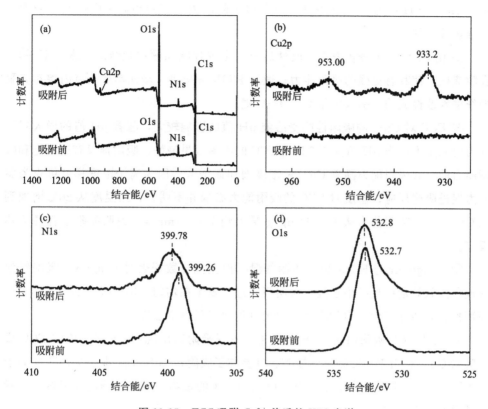

图 11-15 ECC 吸附 Cu^{2+} 前后的 XPS 光谱

11.4 本章小结

本章以环氧氯丙烷（ECH）为交联剂对壳聚糖纤维素吸附剂进行改性，通过单因素实验确定改性条件如改性时间、温度、ECH 添加量和 pH 值对吸附能力的影响，并采用四因素三水平的正交实验确定最优改性条件。经过扫描电子显微镜（SEM）和傅里叶变换红外光谱仪（FTIR）对比改性前后吸附剂的变化。以环氧氯丙烷改性壳聚糖纤维素（ECC）为吸附剂，对模拟 Cu^{2+} 废水进行吸附研究，探讨吸附环境对吸附剂吸附能力的影响，并使用 Langmuir 与 Freundlich 吸附等温线模型和准一阶与准二阶动力学模型对吸附过程进行数据分析，同时根据吸附前后的 EDS、FTIR 和 XPS 分析吸附机理所得结论如下：

① 以去除率和交联度作为考察指标，考察改性时间、温度、ECH 添加量和 pH 值对吸附能力的影响并确定了正交实验的范围，即时间为 5min、10min、15min，温度为 30℃、40℃、50℃，ECH 添加量为 3、4、5mL，pH 值为 10、11、12，由正交实验得四个因素对 ECC 的去除率影响大小的关系为 pH 值＞温度＞ECH 添加量＞时间，最佳改性条件为超声处理 5min，温度为 30℃，ECH 添加

量为 5mL，pH 值为 10，该条件下可制得吸附能力较高的环氧氯丙烷改性壳聚糖纤维素吸附剂。

② 由 SEM 表征分析发现，改性后材料出现片状和颗粒状结构，表面不平整、孔隙疏松，使其有更强的吸附能力；通过 FTIR 分析进一步证实环氧氯丙烷对壳聚糖纤维素改性成功，引入大量 C—O—C 键。

③ ECC 对 Cu^{2+} 的吸附性能受溶液 pH 值的影响较大，随着 pH 值的增大吸附能力明显增大，当 pH 值为 6.0 时，ECC 的吸附效果最好；吸附剂没有达到饱和吸附能力前，其吸附能力随着 Cu^{2+} 的浓度增加而增大，因为离子浓度梯度可作为驱动力促进吸附反应；温度对 ECC 的吸附能力影响并不明显，当温度从 20℃增加到 30℃时，最大吸附能力从 183.41mg/g 增大到 189.37mg/g，说明吸附过程是吸热反应。

④ Langmuir 与 Freundlich 吸附等温线模型拟合数据表明 Langmuir 吸附等温线模型能较好地描述吸附过程，说明吸附过程发生在均匀的单层吸附剂上；动力学模型拟合表明准二阶动力学模型可以更好地解释吸附全过程。

⑤ 对比 ECC 吸附前后 EDS 的变化，发现吸附后出现 Cu 元素，说明 ECC 成功吸附 Cu^{2+}；由 FTIR 分析可知 N、O 参与了吸附；XPS 分析进一步证明 N 原子是吸附 Cu^{2+} 的主要吸附位点，Cu—O 之间发生的是物理吸附、静电吸引等，或者是微弱的化学反应。

参 考 文 献

[1] 薛云峰，张超，李京仙. 环氧氯丙烷交联壳聚糖树脂的制备研究 [J]. 广州化工，2015，43 (15)：119-121.

[2] Chatterjee S. , Lee D. S. , Lee M. W. , et al. Nitrate removal from aqueous solutions by cross-linked chitosan beads conditioned with sodium bisulfate [J]. Journal of Hazardous Materials，2009，166 (1)：508-13.

[3] Jóźwiak T. , Filipkowska U. , Szymczyk P. , et al. Effect of ionic and covalent crosslinking agents on properties of chitosan beads and sorption effectiveness of Reactive Black 5 dye [J]. Reactive and Functional Polymers，2017，114：58-74.

[4] Wang Xiaohuan, Wang Chuanyi. Chitosan-poly (vinyl alcohol) /attapulgite nanocomposites for copper (Ⅱ) ions removal：pH dependence and adsorption mechanisms [J]. Colloids and Surfaces A：Physicochemical and Engineering Aspects，2016，500：186-194.

[5] Kong A, He Benqiao, Liu Guangrui, et al. A novel green biosorbent from chitosan modified by sodium phytate for copper (Ⅱ) ion removal [J]. Polymers for Advanced Technologies，2018，29 (1)：285-293.

[6] Kong Aiqun, Ji Yanhong, Ma Huanhuan, et al. A novel route for the removal of Cu(Ⅱ) and Ni(Ⅱ) ions via homogeneous adsorption by chitosan solution [J]. Journal of Cleaner Production，2018，192：801-808.

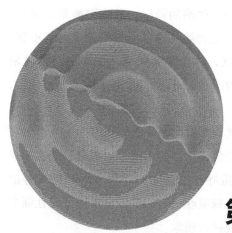

第12章
生物基吸附剂在处理含镉废水中的应用

水体生态系统中重金属污染问题是目前最重要的环境问题之一。在所有重金属中，镉是一种不可生物降解的非必需金属离子，往往会在生物体内积累，对环境和公众健康造成重大威胁。在众多镉处理方法中，生物吸附是一种经济、环保和高效的重金属去除方法。

12.1 水体中镉污染的来源、现状及危害

镉是最具毒性的重金属污染物之一。有色金属矿业生产过程中排放的废水、废渣以及煤、石油燃烧过程中排放的烟气等均会造成水环境中镉污染。此外，农业生产所使用的化肥以及杀虫剂，电镀、电池、电焊接等产业，还有一些塑料、颜料、电视荧光屏、照相材料等生产过程中也会产生一些含镉废水，这些废水不合理排放和堆积就会导致水环境中镉的增加，进而污染水体。

1930年，居住在日本富山县神通川流域下游地区的居民，长期饮用被镉污染的河水，食用被镉污染的水灌溉生长的粮食、蔬菜以及水果等，造成了镉通过食物链进入人体并逐渐累积，引起重金属镉中毒，临床表现为一种腰、背和手足等关节疼痛难忍，身高逐渐缩短，骨骼变形，易骨折的"痛痛病"。国内水体镉污染事件也时有发生。因此，镉污染越来越受到人们的关注。当镉进入环境以后，首先会在生物体内发生富集，其次通过食物链进入人体，最终在人体内形成金属镉硫蛋白，通过血液有选择性地蓄积于人体的肾脏、肝脏组织内。镉进入人体后，能够与羟

基、氨基以及硫基等蛋白质分子相结合，抑制某些酶的活性，使许多酶系统受损，进而影响人体肝脏、肾脏等组织中酶系统的正常功能。镉还能损伤人体的肾小管，使人体出现蛋白尿、糖尿以及氨基酸尿等症状，并会导致尿钙和尿酸的排出量增加。人体的肾功能不全不仅影响维生素 D_3 的活性，还可以阻碍骨骼的生长代谢，进而造成骨骼的疏松、变形以及萎缩等。

人体的镉中毒主要可以分为急性中毒和慢性中毒两种。急性中毒主要是由于在生产生活环境中人体一次性摄入或者吸入大量的镉化物，大剂量的镉化物能够形成一种强烈的局部刺激，进入人体后会强烈刺激呼吸道进而出现肺水肿、肺炎等症状；若含镉化物进入人体消化道会导致人体出现呕吐、腹疼等不良反应。慢性镉中毒主要是损害人体的肾脏，也会导致人体出现贫血现象。

12.2 水体中重金属镉的修复技术

随着水体中镉污染现象的日益严重，镉污染问题逐渐引起全球的广泛关注，需采取一系列措施修复镉污染水体，除了严格控制好含镉废水的排放源头外，还应该采取有效措施对镉污染水域进行净化、治理以及修复，实现废水的再生回用。水环境中重金属镉的主要处理技术可分为物理修复技术、化学修复技术以及生物修复技术。

12.2.1 重金属镉的物理修复技术

水体中重金属镉的物理修复技术可分为蒸发法、换水法和稀释法。

（1）蒸发法

蒸发法是将被污染的水体中的水蒸发使重金属镉浓缩，这样既可以实现水的回用，还能够实现对重金属镉的资源化回收利用。这种方法的优点是工艺成熟简单；缺点是在处理的过程中能耗较大。

（2）换水法

换水法是将被重金属镉污染的水体抽走，将新鲜无污染的水体注入。这种方法的优点是处理过程简单；缺点是应用局限性大，并且治标不治本。

（3）稀释法

稀释法是将新鲜无污染的水体植入到被重金属镉污染的水体中，以此来降低被污染水体中重金属镉的浓度。这种方法的优点是处理过程简单、易操作；缺点是适用范围较窄，只适用于受污染程度较轻的水体。

12.2.2 重金属镉的化学修复技术

化学修复技术主要包括有：化学沉淀、电化学还原、氧化还原、化学吸附以及离子交换等方法。

(1) 化学沉淀法

化学沉淀法是向废水中加入某些能够和废水中欲去除的污染物质发生化学反应的化学物质，生成难溶于水的沉淀物，从而达到污染物的分离去除。化学沉淀法又可以以沉淀剂的不同分为硫化物沉淀法、铁氧体共沉淀法和中和沉淀法三类。

(2) 电化学还原法

电化学还原法是向电解质溶液中插入电极，通电后使其在电极的正极发生氧化反应，在电极的负极发生还原反应，使重金属离子被还原成金属单质，沉淀在电极的表面或沉淀在水溶液的底部，进而使废水中的重金属离子含量降低。

Li 等采用电凝法来去除模拟重金属污染废水中的 Cd^{2+} 和 Ni^{2+}，考察了电流密度、反应时间、电极间距等对去除率的影响，发现在最佳操作条件下，Cd^{2+} 和 Ni^{2+} 的去除率可达 99.99%。但在电凝过程中，阳极易被消耗因此需要定期更换。这种方法的缺点是能耗高。

(3) 氧化还原法

氧化还原法是将还原剂或氧化剂加入被重金属污染的废水中，将水中有毒、有害污染物氧化或还原成无毒、无害的物质。氧化还原法存在化工成本高、易产生二次污染、无法达到严格排放标准等明显弊端。目前这种方法多用于废水处理的预处理阶段。

(4) 离子交换法

离子交换法是去除或回收废水中贵重金属离子的一种重要而有前途的处理方法。有效地去除和回收目标金属，避免有毒污泥的产生，是该技术相对于其他传统技术的主要优势。离子交换树脂具有独特的金属吸收能力，在离子交换中得到了广泛应用。离子交换树脂无论是合成的还是天然的，都具有与废水金属交换阳离子的特殊能力。通常选用去除率高的的合成树脂来去除重金属离子。

A. Dabrowski 等介绍了离子交换选择性去除重金属离子的实例，它们包括用各种现代离子交换器从工业废水中去除 Hg^{2+}、Cd^{2+}、Cu^{2+} 等。天然沸石也被广泛使用，因为它成本低，普遍存在，重金属吸附能力较强，具有选择性去除重金属的能力。虽然离子交换是一种成熟而有效的技术，但是离子交换剂需要定期更新，以保持目标污染物的有效去除，这可能会增加整个单元操作的成本以及剩余污泥的产量。

(5) 化学吸附法

化学吸附法主要是利用比表面积高、结构疏松多孔的吸附材料或者是在材料的表面存在多种功能性基团可以与水体中的重金属进行反应，从而降低废水中重金属浓度，是液体溶质（吸附质）在固体（吸附剂）表面积聚并形成分子或原子膜的过程。纳米材料是一种高效吸附剂，有较高的比表面积、较多的活性位点并且表面存在多种功能性官能团。此外，沸石、活性炭、硅藻土等也是市面上常用的化学吸附剂。

黄艳等研究了用沸石-咪唑盐骨架法可以有效降低废水中重金属离子的浓度。Arunima Nayak 等发现从木质纤维素废物中提取的化学活性炭可以有效用于重金属废水的修复。然而活性炭价格较高，并且不易获得，同时活性炭再生成本也较高，所以利用活性炭来去除废水中的重金属具有很大的局限性。化学吸附虽然是一种高效的重金属去除方法，但其去除成本高，投加的化学剂易对环境产生二次污染。

12.2.3 重金属镉的生物修复技术

生物修复技术是指利用某些特定的生物将重金属进行吸收、转化、富集、转移，进而恢复水环境生态系统正常功能的一种过程，是实现水体净化、生态系统恢复的有效生物修复措施。目前国内外的研究也越来越倾向于利用生物修复技术来处理重金属污染水体，根据所选生物对象的不同，生物修复技术可分为以下 3 种。

(1) 植物修复技术

利用植物的吸附作用来降低水体中重金属的浓度和毒性作用，是一种环境友好型的生物修复技术。此技术所选用的植物应具有以下特征：增长率高、生物量大、根系分布广、分枝多、目标重金属从水体中积累量较多、累积的重金属可以从根到芽迁移、对目标重金属的毒副作用具有较强耐受性、易适应当时的环境和气候条件、具有抗病虫害能力、易于栽培和收获等。植物修复（phytoremediation）是一个合成词：希腊语 *phyto*（植物）和拉丁语 *remedium*（纠正或消除邪恶）。这是一种经济有效的、环境友好的、就地适用的修复策略。

植物修复技术已经被广泛应用于各种场景下重金属的去除。Li 等发现水葫芦根能有效地吸收水环境中的 Cd(Ⅱ) 和 Cu(Ⅱ)。Menka Kumari 等通过研究得出芦苇、宽叶香蒲混合培养在 14d 内可以有效去除城市和工业废水中的 Cu、Cd、Cr、Ni、Fe 等重金属。人工湿地法和生物氧化塘法就是利用对某些重金属具有良好富集作用的植物，来富集水体中的重金属污染物，以达到净化水体的效果。

(2) 动物修复技术

水环境中底栖动物中的某些甲壳类、贝类、环节动物以及一些经过筛选训化的鱼类能够对重金属起到一定的富集作用。但该方法具有一定的局限性，水生动物需要进行特定驯化，而且水生动物处理重金属周期长，成本高，推广实施较困难。

(3) 微生物修复技术

利用微生物将水体中的重金属污染物进行吸收、沉淀、氧化和还原。微生物能够通过呼吸、发酵和共代谢等方式利用各种有毒化合物作为生长和发育的能量来源。由于它们对特定污染物的降解酶的特性，使它们进化出了多种维持体内平衡和抵抗重金属的机制，可以通过自身表面的功能性化学基团，将水体中存在的重金属吸附到自身的细胞壁上，以减轻重金属对自身的毒害作用。微生物为在重金属污染环境中继续生存而制定的策略包括生物积累、生物矿化、生物吸附和生物转化等机制。这些机制可用于原位（污染现场的处理）或异位（污染现场可以开挖或抽水，并从污染点处进行处理）修复。大多数重金属会破坏微生物的细胞膜，但微生物可以发展防御机制，帮助它们克服毒性作用。因此，微生物对重金属这种解毒特性对于重建污染场所具有重要意义。

多个研究小组已经在不同重金属污染地区分离，并获得了较多具有良好重金属抗性的微生物，并且评估了这些抗性微生物作为生物修复技术的媒介在处理重金属时的应用前景。仁川大学生物工程系的 Kang 等从废弃金属矿山土壤中分离到93种解脲菌，并选取了阴沟肠杆菌 KJ-46 和 KJ-47 进行后续研究，研究发现当使用电感耦合等离子体分析生物样品时，在培养48h后，Pb^{2+} 的去除率约达到60%。废水中 Cd^{2+} 的生物处理至关重要，镉具有较高的毒性可能会影响微生物的生长，从而限制这种抗性微生物在处理实际工业废水时的实际应用。Devatha 等通过分批吸附实验研究了枯草芽孢杆菌从水溶液中去除 Cd^{2+} 的能力，发现在最佳吸附条件下，枯草芽孢杆菌对 Cd^{2+} 的最大去除率为83.5%，最大吸附量为32.6mg/g，吸附后可以回收76.4%的生物吸附剂。由于枯草芽孢杆菌具有较高的吸附能力和回收率，被认为是一种可以从废水中去除镉的高效生物吸附剂。

12.3　生物基吸附材料在重金属镉废水处理中的应用

工业活动排放到水体和陆地表面的重金属在本质上是具有剧毒性和致癌性的。这些重金属在食物链的各个层次都具有生物富集和生物强化的特性，对所有的动植物以及人体都构成了严重的威胁。膜分离、电化学处理、混凝絮凝、浮选、化学沉淀等各种常规物理化学处理方法已经被广泛用于重金属污染废水的净化，然而，这些处理技术具有去除效率低、成本较高、能源需求量大、污泥排放量大、毒性较高等缺陷。例如，膜工艺的主要缺点是使用寿命有限，此外，膜需要定期更换，成本较高，还会产生大量污泥，而污泥处理成本也很高。近几年，相对于传统技术而言，生物吸附技术和生物修复技术是潜在的环境友好型技术，具有低成本、高效率、吸附剂再生性良好、环境效益和经济效益良好、可以重复利用和回收金属离子等各种优点。

He 等开发了一种低成本、高效率的重金属吸附剂，制备了 β-环糊精交联聚合物，并首次用于铅、铜和镉的吸附。Luo 等制备了一种交联型 CTS/REC 纳米复合微球，这种交联型 CTS/REC 纳米复合微球与纯交联壳聚糖微球相比，对 Cd(Ⅱ)、Cu(Ⅱ) 和 Ni(Ⅱ) 展现出了更好的吸附能力，是去除金属离子的理想吸附剂。

Zhou 等以黄麻为原料，采用简单的丙烯酸自由基聚合法制备了多孔、双网络的黄麻/聚丙烯酸（PAA）凝胶，这种水凝胶具有高透水性，能够有效地吸附冶炼废水中的重金属，尤其是 Cd(Ⅱ) 和 Pb(Ⅱ)。Petrella 等以意大利东南部橄榄油工业生产的木质纤维素废渣为吸附剂，通过批量（平衡）和柱式（动态）试验，证明了其对金属离子 [Pb(Ⅱ)、Cd(Ⅱ)、Ni(Ⅱ)] 的吸附性能。

生物吸附技术是指利用不同的植物和微生物对重金属进行吸附或转化。由于植物或微生物本身各种官能团如羧基、羟基、胺或酚类的存在，其表面带负电荷的细胞使其自身具有结合各种阳离子金属的能力。生物吸附技术是一种简单、经济且绿色环保的污水处理技术。大多数生物吸附剂都可以再生和循环利用。吸附过程分为两相：液相（吸附质）和固相（吸附剂）。吸附机理包括吸附质与吸附剂之间的内、外球体络合作用。不管是活体、死体的植物、微生物还是它们的代谢中间产物，都已被证明是非常有效的生物吸附剂和生物蓄积剂，可被用于去除水体中的重金属。从农林工废弃物、天然材料或改性的生物聚合物中提取的各种低成本吸附剂已被用于从废水中去除重金属。其中生物质材料、微生物、藻类等对重金属的优良吸附性能，引起了许多研究者的关注。

Dhir 等已将槐叶萍生物量与农业残留物一起用于去除 Cr(Ⅵ)、Ni(Ⅱ) 和 Cd(Ⅱ)，发现槐叶萍对 Ni(Ⅱ)、Cr(Ⅵ) 和 Cd(Ⅱ) 的去除率分别为 60%、71.4% 和 54.3%。Saha 等使用柑桔皮作为吸附剂从废水中去除 Cr(Ⅵ)，发现在 pH 值为 2 和温度为 40℃的条件下，其最大吸附量可以达到 250mg/g。Li 等将产生脲酶的细菌进行生物矿化表征，发现细菌菌株产生的脲酶会水解尿素，从而增加土壤 pH 值和碳酸盐的产生，导致重金属离子矿化并最终转化为碳酸盐，将菌株培养 48h，发现其对重金属去除率在 88%～99% 之间。

内生菌（存在于活体植物组织中的微生物）的研究相对较少。内生菌是重金属超蓄积物，是环境清洁计划中可利用的新型天然产物的潜在来源，对某些高浓度的重金属具有较强的耐受性，由于其特殊的生长环境，可能具有包含特殊功能基团的特殊细胞壁，有望成为最有前途的生物吸附剂之一。Gendy 等报道了从工业化地区种植的植物中分离出的 10 种内生真菌的特性，发现这些真菌菌株能够降解和积累顽固重金属。在所有研究的内生真菌菌株中，发现丁香假单胞菌对 Cu(Ⅱ) 的去除率（85.4%）最高，对 Cd(Ⅱ) 的去除效果（31.43%）一般。Gupta 等将绿藻用于生物吸附剂来吸附溶液中的 Pb(Ⅱ)，在 pH 值为 5，反应时间为 100min 和初始金属离子浓度为 200mg/L 的情况下，其对 Pb(Ⅱ) 的最大吸附量可以达到 140mg/g，同时绿藻吸附前后的红外光谱分析表明，在吸附重金属的过程中氨基、羟基、羰基和羧基为主要的功能性基团。Romera 等评估了绿藻、红藻和褐藻去除和回收 Pb(Ⅱ)、Cd(Ⅱ)、Cu(Ⅱ)、Zn(Ⅱ) 和 Ni(Ⅱ) 的能力。发现 pH<5 时有利于重金属 Pb(Ⅱ) 和 Cu(Ⅱ) 的去除，而 Cd(Ⅱ)、Zn(Ⅱ) 和 Ni(Ⅱ) 的最佳去

除 pH 值为 6。褐藻与螺旋藻显示出了最大的金属离子生物累积量。

12.4　植物材料

植物材料用于修复污染废水中的重金属以及一些其他污染物被证明是一种有效的方法。尤其是水生植物可以提供天然的原位系统，易于维护。水生植物去除金属的机制主要是表面吸附或吸收，或者与重金属结合使其进入自身系统或以结合态形式使重金属存储在植物自身组织中。因此，水生植物通常被用作废水处理的优选物种。目前已有大量报道，证明水生活体植物例如狐尾藻、水薄荷、水葫芦、槐叶萍、大漂以及浮萍等对重金属有很好的累积作用。还有少量报道，证明水生植物源的生物吸附材料在去除重金属方面具有良好的效果，比如改性海藻和水葫芦活性炭等。综上所述，不论是活体的水生植物还是死体水生植物材料在重金属去除方面均具有较好的应用前景。

目前大多数研究是都基于一些未经处理的农林废弃物以及天然植物材料等，比如秸秆、大蒜皮、树皮、花生壳、洋葱皮、甘蔗渣等，这些方法成本低廉，易获取且操作简单，在重金属废水的实际处理方面具有很好的应用前景。

12.5　本章小结

水体镉污染不但破坏水生态系统，污染土壤，而且会通过食物链进入生物圈，间接或直接危害人类健康与生命安全。生物基吸附材料处理含镉废水方法与传统物理、化学方法相比，因其具有环境友好、易获取、体量大、经济成本低、无二次污染、有利于改善生态环境等特性，而获得研究者广泛的关注。是一种潜在的处理重金属废水有效的首选方法，符合我国现阶段水污染末端治理的形势之需，期望通过科研工作者的不懈努力，为国家生态战略做出必要的贡献。

参 考 文 献

[1] 罗胜联，刘承斌，罗旭彪. 植物内生菌修复重金属污染理论与方法［M］. 北京：科学出版社，2013.

[2] Jin W，Du H，Zheng S L，et al. Electrochemical processes for the environmental remediation of toxic Cr（Ⅵ）：A review［J］. Electrochimica Acta，2016，191：1044-1055.

[3] Morillo Martín D，Faccini M，García M A，et al. Highly efficient removal of heavy metal ions from polluted water using ion-selective polyacrylonitrile nanofibers［J］. Journal of Environmental Chemical Engineering，2017，6（1）：236-245.

[4] Renu M A，Renu K S. Heavy metal removal from wastewater using various adsorbents：a review［J］. 2017，7（4），387-419.

[5] Huang Y，Zeng X，Guo L，et al. Heavy metal ion removal of wastewater by zeolite-imidazolate frame-

works [J]. Separation & Purification Technology，2018，194：462-469.

[6] Nayak A，Bhushan B，Gupta V，et al. Chemically activated carbon from lignocellulosic wastes for heavy metal wastewater remediation：Effect of activation conditions [J]. Journal of Colloid & Interface Science，2017，493：228-240.

[7] Kumari M，Tripathi B D. Efficiency of *Phragmites australis and Typha latifolia* for heavy metal removal from wastewater [J]. Ecotoxicology & Environmental Safety，2015，112：80-86.

[8] Ayansina A，Olubukola B. A new strategy for heavy metal polluted environments：A review of microbial biosorbents [J]. International Journal of Environmental Research & Public Health，2017，14（1）：94-110.

[9] Devatha C P. Novel application of maghemite nanoparticles coated bacteria for the removal of cadmium from aqueous solution [J]. Journal of Environmental Management，2020，258.

[10] Srivastava S，Agrawal S B，Mondal M K. A review on progress of heavy metal removal using adsorbents of microbial and plant origin [J]. Environmental Science & Pollution Research，2015，22：15386-15415.

[11] He J Y，Li Y L，Wang C M，et al. Rapid adsorption of Pb，Cu and Cd from aqueous solutions by β-cyclodextrin polymers [J]. Applied Surface Science，2017，426：29-39.

[12] Zhou G，Luo J，Liu C，et al. Efficient heavy metal removal from industrial melting effluent using fixed-bed process based on porous hydrogel adsorbents [J]. Water Research，2018，131：246-254.

[13] Carolin C F，Kumar P S，Saravanan A，et al. Efficient techniques for the removal of toxic heavy metals from aquatic environment：A review [J]. Journal of Environmental Chemical Engineering，2017，5 （3）：2782-2799.

[14] Sinha A，Pant K K，Khare S K. Studies on mercury bioremediation by alginate immobilized mercury tolerant *Bacillus cereus* cells [J]. International Biodeterioration & Biodegradation，2012，71：1-8.

[15] Xu P，Sun C-X，Ye X-Z，et al. The effect of biochar and crop straws on heavy metal bioavailability and plant accumulation in a Cd and Pb polluted soil [J]. Ecotoxicology & Environmental Safety，2016，132：94-100.

[16] Li M，Cheng X，Guo H. Heavy metal removal by biomineralization of urease producing bacteria isolated from soil [J]. International Biodeterioration & Biodegradation，2013，76：81-85.

[17] Guo H，Luo S，Liang C，et al. Bioremediation of heavy metals by growing hyperaccumulaor endophytic bacterium *Bacillus* sp. L14 [J]. Bioresource Technology，2010，101：8599-8605.

[18] Abbasi T，Abbasi S A. Factors which facilitate waste water treatment by aquatic weeds—the mechanism of the weeds′ purifying action [J]. International Journal of Environmental Studies，2010，67：349-371.